不思議なかたち

〜食べもの編〜

真下弘孝

大空ポケット文庫

はじめに

「食べものの形。これについて一つ本を書いてみませんか」

そう言われて、筆者は深く考えずにそれを引き受けた。ドーナツになぜ穴があいているのか、菱餅はなぜ菱形なのか、まったくわかっていなかったが、物事にはたいてい意味があり、それについて調べれば良いのだから。

さっそくヒントになる材料などを探しに図書館へ行った。そして意外なことに気がついた。それは食べものの形に言及した本が少ないということだ。目につくのは食べものの名前の由来や誕生の歴史、栄養にレシピ、そして味覚についてのことばかり。形については、それらの中にわずかに触れられている程度だ。しかし菱餅は、菱形だから菱餅、では納得できない。どうして菱の形をしているのかを知りたいのだ。

だが、形に関する本がなければないで都合が良い。出版する意味があるからだ。ようやく筆者も深く考えるようになった。食べものの形の意味を、孫引きだけに頼らず、自分で取材して調べなくてはいけない。作り手や専門家の声を直接聞くのである。

普段の食生活で口にする丸や四角の形をした食品、正月などの行事で飾りとして形作られた食べもの、幼いころにTVや雑誌で見た不思議な形の外国のお菓子など、果してそれらにどんな意味や秘密があるのか。さらに作り手が形にこめた思いとは――。

目次

第2章　三角形の仲間たち

第3章　四角形の仲間たち

第5章 なにかのかたちの仲間たち

凡例

❶本書は、日常目にする食品の外形について、解説を中心にそれにまつわるエピソードを展開した。著者の視点で気になる食品八八点を選択した。

❷本書では、食品の外観から五タイプに分類した。

【丸いかたちの仲間たち】円・球・お椀形などの食べもの。断面が丸いものも含む。

【三角形の仲間たち】三角・山形などの食べもの。

【四角形の仲間たち】四角形の食べもの。板形のものも含む。

【長いものの仲間たち】細長い食べもの。

【なにかのかたちの仲間たち】動物や植物など、原型としたモチーフがある食べもの。

第1章

丸いかたちの仲間たち

どうしてドーナツには
穴があいているの？

ドーナツ

なぜドーナツには穴があいているのだろう。日本パン技術研究所に聞いたところ、「穴に関する伝説はいくつかあります。まず、オランダには小麦粉の生地の真ん中にクルミを入れた揚げ菓子がありました。一七世紀にイギリスから新天地アメリカを目指す移民たちが中継地のオランダでこれを知り、アメリカに伝えたといわれています。しかし、クルミが入手できなかったため中心に穴をあけたという話です」

dough（小麦粉の生地）nut（木の実）という名もここから来たといわれている。

「もう一つは、グレゴリーという名のアメリカの船乗りの話で、彼の母親が揚げ菓子を作ったのですが、完全に熱が通らず、いつも真ん中が半生の状態でした。そこで彼がその揚げ菓子の中央に穴をあけたということです。これが一八四七年の話です。あと、インディアンの矢が飛んできて生地に穴があいたという珍説もあります」

船乗りグレゴリーには別の伝説があり、それは舵（操舵輪《そうだりん》）に引っ掛けるためドーナツに穴をあけたという話。これは彼が操縦しながら食事をするためだろうか。

ドーナツの穴はなかなか興味深いものであるが、いずれにしても穴をあけたことで生地への火通りが良くなり、形良く揚げることができるようになった。

伊達巻の渦に隠された秘密とは？

●特上伊達巻
（有限会社川雄）

伊達巻

おせち料理に欠かせない一品、伊達巻。その名や色、そして形にはいろいろ意味がある。以下、伊達巻作りで知られている静岡県の「川雄《かわゆう》」の話。

「伊達巻などの卵料理は子孫繁栄を、そして黄色は豊穣を願っています（五行思想で黄色は『土』を表す）。また、伊達巻は巻きこんだ形が巻物に似ていることから、教養と文化を表しています。ちなみに『巻』の意味は『丸』に通じ、家庭円満の意味もこめられているのです」

まさに正月にふさわしい料理なのだ。さて、その歴史は？

「原型は平安時代、平目《ヒラメ》に鶏卵を混ぜて作ったことから平子焼といって、宮中の儀式には必ず献上されていたと伝えられています」

そして名称について。伊達巻の「伊達」は華やかさや派手さを意味し、華麗で洒落た卵焼きということで名づけられたといわれている。

ところで伊達巻のあのギザギザはどうやってできるのだろう。

「あれは特製の巻き簾《すだれ》を使用しているためです。寿司用の巻き簾は平らですが、伊達巻用の簾は竹製で凸凹の形をしているのです」

なると巻を食べて
生命、宇宙の神秘を知る!?

なると巻

ラーメンの具といえばメンマ、チャーシュー、なると巻。特になると巻は白と紅というコントラストの強い配色ゆえ、ラーメンに彩りを加えているといっていい。しかも紅い部分は渦を巻いた柄になっている。見た目がシンプルなラーメンにとって、まさになると巻はワンポイントのアクセントである。ただ、なると巻は派手な割にチャーシューやコーンのように大盛りのメニューがあるわけでもない。だいたい「ラーメン一つ。なるとを大盛りで」なんて注文は聞いたことがない。どんぶりいっぱいのなると巻。百目小僧みたいで恐ろしい。

それにしても、あの渦は何を意味するのか。なると巻一筋五〇年で知られるカクヤマに聞いてみた。

「あの柄にしたのは渦が無限、混沌《こんとん》、成長、生命のシンボルと思われているため」

それはもはや宇宙規模。ラーメンの中にブラックホールを見つけたり。そういえば、なると巻はおせちにも使われる。無限の象徴だから縁起も良さそうである。

このほか、鳴門海峡の渦潮に見立てたという説も。なお、なると巻最大の産地は静岡県焼津市。同市のホームページによると国内で消費される九割を作っているという。

他のインスタントラーメンは四角いのに…

●チキンラーメン
（日清食品株式会社）

チキンラーメン

袋めんはどうして四角なのかと考えていたら、なぜかチキンラーメンだけは円いのである。どうしてだろう。この疑問を製造販売元の日清食品にうかがった。

「チキンラーメン以外の袋めんを四角にしたのは、包装したときに隙間が少なく、輸送中にめんが壊れにくくなるからです。四角の袋めんは、口径の広い鍋で調理をするので、四角くても問題ありません。一方、ドンブリにお湯を注いで食べるチキンラーメンは、円くないとドンブリに収まりきらないからです」

調理法の違いで円か四角に分かれたわけだ。ところで円いチキンラーメンの中央にはくぼみが見えるが、これは二〇〇八年に発売五〇周年を記念して設けられた「Wたまごポケット」と呼ぶもので、卵をのりやすくしているくぼみである。

さて、チキンラーメンが円い形をしているのにはもう一つ理由があるという。

「実は初期のチキンラーメンは長方形でした。しかし自動包装機が導入されたとき、この形では向きを整えなければならなかったので、円形に変更しました」

なるほど。いずれにせよインスタント世代としては、チキンラーメンも四角の袋ラーメンも「すごくおいしい」と思うので、どっちもマル。

本物の味がする？
進化し続けるメロンパン

メロンパン

メロンパンがメロンそのものの味だと子どものころは思っていた。根拠はない。メロンの名がつくパンだからそう感じてしまったのだろう。子どもとはいえ、自分の味覚は当てにならない。実際、本物のメロンも食べていたにもかかわらず。あまりの適当さに我ながら呆れてしまう。

格子状の模様の表面がメロンに似ているためメロンパンと名づけられたと知ったのは、もう少し成長してからだ。

メロンパンの表面はクッキーの生地である。昔はこの生地にメレンゲを多く使用していたため、メレンゲパンをメロンパンと呼ぶようになったという説もある。

従来のメロンパンの起源についてパン製造業の神戸屋に聞くと、
「その発祥は定かではなく、ドイツ起源説やメキシコ起源説、また、フランスのガレットが原型だともいわれています」

日本では戦前からアーモンド形のメロンパンがある。後に丸く変形し、近年では本物のメロン風味へと変わっていく。まさに試行、そして進化する菓子パンである。

それにしても大人になった自分の舌は、少しくらい進化しただろうか。

日本デビューから400年。たかが砂糖菓子と言うなかれ

金平糖

戦国時代にポルトガルから伝わった砂糖菓子の金平糖。イエズス会の宣教師ルイス・フロイスが織田信長に献上したお菓子だ。何といってもその魅力は、華やかな色と突起した角の形。そしてこれを食べる姿は、男女を問わず老人から子どもまでよく似合うという、実に幅広い世代に愛されている砂糖菓子である。さて、本書を作るにあたって筆者を含むおじさんたちの間で「金平糖の突起の謎」が話題になった。中年男性すら虜《とりこ》にするその秘密を、春日井製菓に聞いてみた。

「傾斜をつけた回転鍋の中で、球体である砂糖の結晶を転がします。そしてその上から粘りのある糖蜜をポタポタと落としていくと自然に角が現れます。角ができると凸部分には蜜がよくあたるようになり、逆に凹部分にはあたりにくくなって、次第に角が育っていくんです」

これを繰り返すこと約二週間。シンプルに見えて実はかなり手間のかかるお菓子なのだ。ちなみに回転鍋の温度、角度、速度、蜜の濃度については「熟練した職人の技」がモノをいうらしい。こんな話を聞くと、歳だけとって人間的に今一歩の自分を省みてしまいそうだ。……今日の金平糖はなんだか苦い味がする。

経済学者カール・マルクスにも
紹介したい、偶然のカール君

●カール
（株式会社 明治）

カール

カールを食べるとき、口が大きくないせいか二口でいただいている。端の部分を軽く上下の前歯でくわえ、本体の中心を割る感じでまず一口。で、残りを口の中に送りこんで二口、といった具合。一口目のサクッと割れる瞬間がちょっと快感で、これぞスナック菓子だなァ、なんて思いながら食べたりする。

そんなことが楽しめるのは、カールがcurl（曲がる、丸まる）しているからだが、あのようなデザインになった理由はあるのだろうか。

製造販売元の明治からいただいた資料によると、一言「偶然」。

カールを形作るエクストルーダー（加熱・加圧押出する生地成型機）のノズルを調整しているうちに偶然出てきた形が好評で、このcurlした形に決まったのだとか。偶然にできた形とはいえ、丸いせいか見た目が実に可愛らしく、口にも入れやすいと思われる。で、この「偶然」は一九六八年のこと。すでに四四歳のカール君である。そう、商標の関係でcurlでなくkarlという人物名になったが、これはドイツの代表的な男の子の名前。しかしキャラはおじさんだったりする。この「カールおじさん」の形をしたカールがあるのは有名だが、彼と出会えるのは数十袋に一個の確率らしい。

この年輪を数えても、
樹齢がわかるわけではありません

バウムクーヘン

ドイツ名菓のバウムクーヘン。コンビニなどでは輪切状のものを見かけるが、そうなる前の円筒形のものは実にたくましい外観で、いかにもドイツらしい雰囲気のお菓子である。その断面は生地を何層にも重ねて焼くことから、木の年輪を想像させる。このことから「木(独語でbaum)のお菓子(同kuchen)」と名づけられたという。

ドイツは森林が豊かな国としても知られ、その中を散歩するドイツ人は森の民と呼ばれるが、それにちなむお菓子がその国から生まれるのは自然なことかもしれない。

また、日本では年輪＝年数という発想から、長寿を祝って高齢者にプレゼントすることもあるようだ。

さて、知ってのとおりバウムクーヘンの中心には穴があいている。これについて東京都世田谷区で製菓・製パン技術を教えている日本菓子専門学校に聞くと、

「バウムクーヘンは心棒の上に生地をかけて、心棒を回転させながら直火で焼きます。焼きあがって心棒を抜くとその穴が中心に残るわけです」

同じ穴でもなりたちはドーナツのそれと違い、竹輪(一二〇ページ)や車麩《くるまふ》(三八ページ)の穴と同じなのだ。

エイリアンかUFOか、あのすばらしい耳の正体は？

●南部せんべい
（炉何煎《ろっかせん》）

南部煎餅

南部煎餅《なんぶせんべい》は青森、岩手（旧南部藩）を代表するお菓子だ。この煎餅の誕生には伝説があり、建徳年間（一四世紀・南北朝時代）、南朝の長慶天皇が陸奥国へ行幸の途中に食べ物を求められたが、田舎道だったため何もなかった。この急場を凌《しの》ぐため家臣の赤松某が近くの農家より塩とそば粉を入手、そして雑兵の鉄兜《てつかぶと》を鍋にして煎餅風に焼きあげ、天皇に献上したという。

ところで、筆者は円い本体に耳のついた南部煎餅を見ると、いつもUFO（アダムスキー型）を連想してしまうのだが、あの耳の存在が気になるというか、なぜ煎餅に耳がついているのだろうか。これについて南部煎餅協同組合に尋ねたところ、

「南部煎餅は、鉄製の型に生地を入れて蓋《ふた》をして焼きあげるのですが、蓋をしたことで圧力がかかりますから、重曹の入った生地がふくらんで蓋の隙間にはみ出してしまう。その部分が耳と呼ばれているものですね」

耳は機械で取れるそうだが、南部煎餅にはピーナッツ入りの油分の多い商品もあって、油かすが機械にたまり、切れが悪くなることがしばしば。そのときはハサミで切ることもあるという。

あんぱんとフーテンの寅さん、ともにサクラが大事です!?

●酒種あんぱん桜
（木村屋總本店）

あんぱん

和洋折衷の食品の代表作、あんぱん。一八七四年に木村屋總本店の創始者・木村安兵衛がこのパンを発明した。

さて、あんぱんに和菓子に通じるものを感じてしまうのは、やはり酒種酵母菌を使って発酵されたものだからこその香りと、形が饅頭に似ているからだろう。加えてもう一つ目につくのは、てっぺんにのっている「桜の花の塩漬け」である。あれがあると、たとえ洋モノのパンとはいえ〝和〟を感じざるを得ない。

あんぱんと桜の結びつきについて木村屋總本店に話を聞いた。

「一八七五年四月、木村屋のあんぱんを明治天皇に献上する機会を得ました。その際、安兵衛は西洋のパンに日本らしさを加えたいと考えたのです。ちょうどお花見の時期であったので桜が浮かびました。そして奈良の吉野山から取り寄せた八重桜の花を塩漬けにして埋めこんでみると、餡とぴったり合って風味が引き立ったのです」

ところで、あんぱんの中央にある「くぼみ」だが、これは「へそ押し」といわれるトッピング手法で、生地でフィリング（料理用語で中身や詰めものの意味）を包んだ後、固形物を生地表面に押しこんだ際にできるものだという。

粒チョコのパイオニア!
数えながら食べたっけ…

●チョコベビー
(株式会社 明治)

チョコベビー

一九六五年に発売された明治の「チョコベビー」。誕生から間もなく半世紀を迎えるこのチョコレート。なぜ小粒なのか、そして俵型になった理由を明治に聞いた。

「小粒で食べやすいマーブルチョコが一世を風靡していた時代、マーブルの糖衣のジャリジャリとした食感が苦手な人が一部いることを受けて商品化しました」

この際、メインターゲットを中学生くらいに絞ったことで、大人でも食べられる食感や風味になったという。さらにサイズやカタチについての話が続く。

「一度に五粒くらい食べられるような設計を考えました。可愛さ、つまみ具合、食べやすさの面から現在の大きさとサイズを算出。上司の中には「小さすぎてダメ」と反対もありましたが、何人もの人に調査を行って確認していたので、この考えを払拭しました。今までにない新商品であり、売れるかどうかわからないため設備費はもらえず、タバコ型チョコの製造設備を利用したことから俵型になったのです」

そしてチョコベビーはプラスティック製の箱に入っているのも特徴だ。

「今までにない商品なので、安心感を与えるために外から見える容器を考案しました。実はお菓子としては、日本で初のプラスティック容器なのです」

逆風の中で遭遇した小さな穴とプリン革命

●プッチンプリン105g
（グリコ乳業株式会社）

プッチンプリン

市販のプリンはカラメルが容器の底にあって一口目からカラメルを味わえない。これはカラメルの比重がプリンより大きいことによるのだが、一九七二年に生まれたグリコ乳業のプッチンプリンは、この難点を解決。容器の底をプッチンして皿に移せば、カラメルが上になるのは今や周知のとおり。その経緯を同社に聞いてみた。

「一九七〇年、商品開発部ではプリンの販売を社長に直訴しますが、却下されてしまいます。しかしあるとき、部員の一人が仕事で立ち寄ったパーラーで、シェフがナイフで容器の底に穴をあけて中身を皿に移している場面に遭遇します。当時、各社がプリンを製造していましたが、どれもカラメルを底に残したまま食べなければならないという弱点がありました。それを解消する答えをそこで見たわけです。そして小さな穴のあく容器を作ろうと考えます」

いくつかの容器メーカーと協議し、ワンタッチで底に穴があく〝プッチン容器〟を完成させる。これはまさにプリン革命の瞬間であったという。

「あのとき、社長の反対がなければ他社と同じような商品だったかもしれません」

逆風がかえって部員の情熱を駆り立てたのだろう。

円盤形の鏡餅。
たくさん重ねて家庭円盤（満）！

鏡餅

二段重ねした丸餅を橙《だいだい》やユズリ葉などで装飾する鏡餅。その形にはどんな意味があるのだろう。料理研究家の大石寿子さんに聞いてみた。

「鏡餅の名称は三種の神器の一つ、八咫鏡《やたのかがみ》からきているといわれています」

平たい丸形のお餅は、祭祀や神事で用いられる鏡を模しているという。では、それを重ねるというのはどういうことなのだろう。

「一年をめでたく重ねるという意味があり、地方では三段重ねのところもあります」

そしてお餅のまわりに飾られているものにも意味がある。

「鏡餅の正式な飾り方は、シダの葉を敷いた三方の上に串柿、橙、ユズリ葉、昆布などをのせます。橙は実が木についたまま年を越すところから『代々』に通じ縁起の良い果実です。また、ユズリ葉は新葉が出てから古い葉が落ちるので、新旧相譲るという縁起を祝っています。生命の永続性の象徴ですね」

そんな鏡餅は正月に家々に寄りつく神の依代《よりしろ》として飾られる。

また、鏡餅には「トグロを巻く蛇の姿」という説もある。古代信仰で蛇は祖神であるから、同様に神（つまり蛇）の依代として飾られるということだ。

形、色…もう一つ心に残るのは、フタをあけたときのPON！の音

●マーブル
（株式会社 明治）

マーブルチョコ

糖衣でコーティングされた明治のマーブルチョコレート。このコーティングにはもちろん意味がある。それは糖衣で包むことでチョコが溶けにくくなり、暑い夏でもベタつくことなく手を汚さずに食べられるということだ。

この商品が発売された一九六一年以前は、チョコレートはまだ高級品で大人のものというイメージがあった。マーブルチョコは子どもにターゲットを絞り、食べやすさのみならず、カラフル（赤、黄、茶、ピンク、オレンジ、黄緑、水色の七色）な色合いにし、しかもパッケージを子どもが持ちやすいように筒状にした。これは中身を手のひらにのせて口に運ぶという食べ方の利点を考慮している。

さらに二年後にはおまけのシール（最初の絵柄は「鉄腕アトム」。このころ、放映されていたこのアニメの提供が明治だった）もつける。これでマーブルチョコは人気を博すことに。

ちなみにコーティングによって大理石（marble）のような滑らかさや光沢をもった外見から「マーブル」という名前がつけられた。さらにマーブルには「おはじき」という意味もあり、この商品がまさにその形をしているのは言うまでもない。

車麩を食べて知る
歯ごたえの変化

●車麩
（平野食品工業株式会社）

車麩

麩。日本全国でその種類は八〇以上。また、焼き麩と生麩があり、これらはいずれもグルテン（小麦のタンパク質）が原料だが、これに小麦粉を混ぜたのが焼き麩で、もち米を混ぜたのが生麩である。生麩のもちもち感は和菓子としても生かされている。だが、これらについて話題にしていると紙面が尽きてしまうので、ここでは東北から北陸でよく食されている車麩《くるまふ》（焼き麩の一種）をピックアップする。バウムクーヘンに似た独特な形状は、本書で取りあげるにふさわしい。

まず、中心に穴があいているのは、生地を棒に巻きつけて回転させながら焼くからであり、焼きあがって棒を抜けばドーナツ状の穴ができるのである。しかし車麩がユニークなのは、何重にも巻かれて層をなしている形態にある。これはだいたい三、四回巻かれたものが多いが、層があることでどのような効果が生まれるのだろうか。これについて全国製麩工業会に話を聞いてみた。

「簡単に一回で焼けないので、何度か巻いて焼きあげるのですが、一回巻くたびに層ができてきます。それで、穴に近いところは何度も焼くことになりますから、外側より当然硬くなります。そうすると食べながら歯ごたえの変化が楽しめるのです」

すあまって、
あますところなくお目出たい！

すあま

上新粉（うるち米の粉）と砂糖で作られる餅菓子のすあま。紅白の彩りで売られているからめでたいお菓子と思われる。簾《すだれ》で巻かれたかまぼこ型をしているものが多いが、楕円の丸型のものも作られる。これに意味はあるのだろうか。日本菓子専門学校に聞いたところ、

「この場合、すあまは鶴の卵をかたどっています。別名『鶴の子餅』ともいいます」

あの形は鶴の卵を模していたのだ。「鶴は千年亀は万年」という諺《ことわざ》もあるくらいだから、すあまはやはり縁起の良いお菓子に間違いないようだ。

「すあまは紅白にして、お産返し、一歳の誕生祝い返しに使われます」

このほか七五三、入学・卒業式などの祝いごとに使われる。子どもの慶事に関わっているために卵型のものも作られるのだろう。このように喜ばしいものゆえ、すあまは「寿甘」という漢字をあてられているが、ほかにも単に甘いから「素甘」、ほのかに甘いから「薄甘」、甘酸っぱさから「酢甘」などいろいろある。

すあまとしばしば混同されるお菓子に「すはま（州浜）」がある。こちらはきな粉と砂糖と水飴をあわせた生地でできているまったく別のお菓子。

いきなり噛まず、ゆっくりと。舌に凹みがフィットする

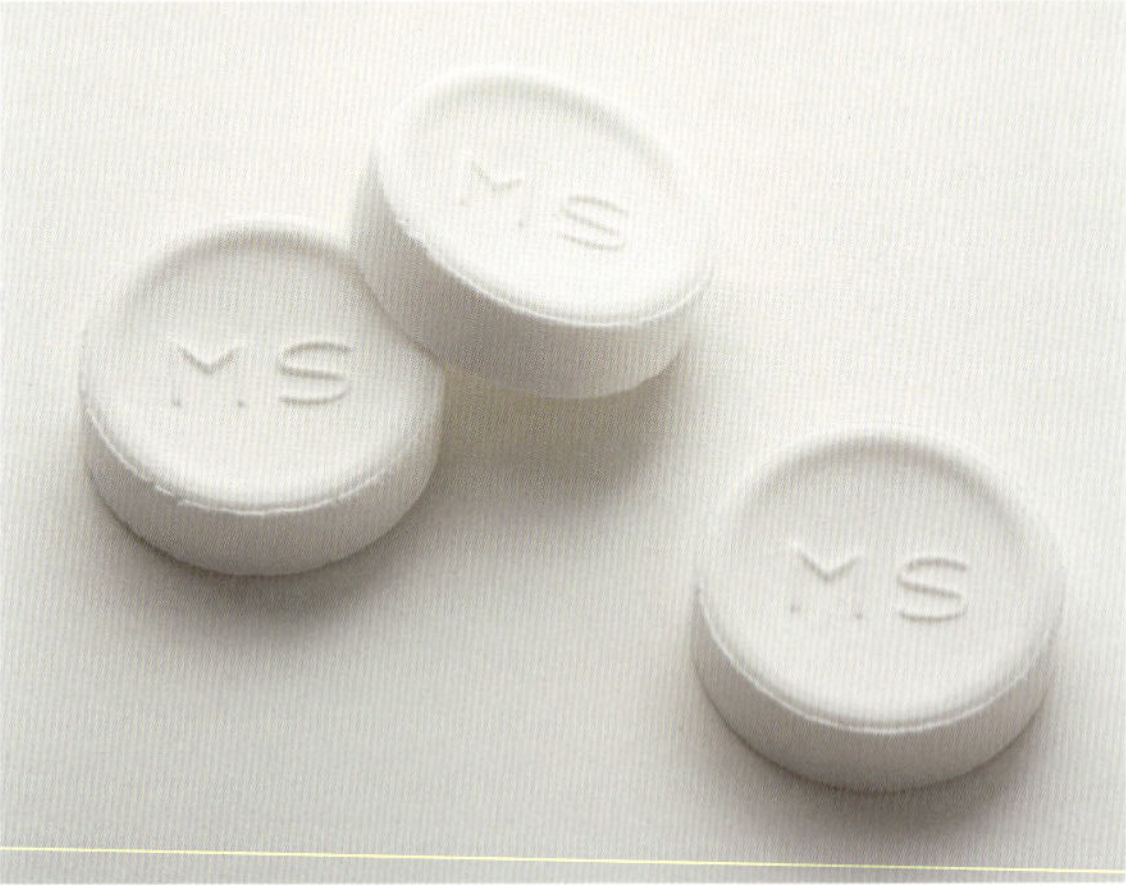

●カルミン
（株式会社 明治）

カルミン

一九二一年に登場した明治のロングセラー商品、清涼錠菓のカルミン。最近はあまり見かけることがなくなった気もするが、上野のアメ横など昭和の薫りが漂う街では普通に売っている。名前はカルシウム＋ミントに由来。当時、錠菓はほかにも売られていたが、カルシウム入りは画期的だったようだ。

ところでこの錠菓、口に入れる前によく見ると表面に「ＭＳ」と刻印されている。これについて明治に説明してもらった。

「明治製菓の略です。ちなみに発売時の社名は東京菓子だったので『ＴＫ』、一九四九年に明治製菓に変更してからは『ＭＳ』、また、二〇一一年、株式会社 明治に変更しましたが、『ＭＳ』はそのまま刻印しています」

そういえばそのマークの入った表面は凹んでいるが、何か意味はあるのだろうか。

「なめ心地をよくするための凹みです。カルミンはハイレモンなどと違って、口の中でなめて溶かして味わうお菓子なのです」

いきなり噛み砕かないよう、じっくりミントの味を満喫しよう。ただでさえ硬い錠菓なのだから。あわてると歯に悪い。しかしカルシウム入りだから大丈夫か。

肉まんとあんまんの形の違い、気がついてた？

●天成餡饅／天成肉饅
（株式会社中村屋）

肉まんとあんまん

寒い冬には熱くて美味しい中華まん。中村屋の創業者・相馬愛蔵が中国へ視察旅行したときに味わった包子《パオズ》を、帰国後に日本人向けに改良を重ねて一九二七年に発売したという歴史ある商品だが、今回は中華まんの温もりのことではなく、そのルックスについて考えてみよう。頂上部から絞ったような形をしている肉まん、対して見た目プレーンなあんまん。中華まんの両横綱であるこの二つ、外見が示すように製法は違うのだろうか。中村屋に話を聞いてみた。

「絞った形は製法によるものです。円盤状にのばした生地にアン（中身のことで「肉」や「餡《あん》」を指す）をヘラでのせて包みます。その際、上部のほうへ絞りながら包みこむため、その部分が絞られた形で残ります。あんまんはこれをひっくり返し、丸め直すことでお椀形に作りあげます」

つまり両方とも基本的には同じ製法で、あんまんも元は肉まんと同じ姿をしていたのだ。しかしこのように見た目が分かれた理由はなんだろう。

「包んだ後に区別する必要があるため二つに分けました」

あんまんのほうをプレーンにしたのはお饅頭のイメージからだろう、と筆者は思う。

桜餅と道明寺って
似て非なるものだった!?

桜餅

和菓子のお餅を包んでいる葉っぱ。ほのかな香りに品を覚えるだけでなく、自然や四季との調和も感じて、手に取るたびに日本のお菓子の素晴らしさに感服してしまう。その葉の効果は、実は香りつけだけではない。そのあたりを、享保年間より桜餅を作っている東京都墨田区向島の「長命寺《ちょうめいじ》桜もち」と、京都で「嵐山さ久《く》ら餅」を作っている名店「鶴屋寿《つるやことぶき》」にうかがった（よって以下は桜餅と桜の葉に関する話）。

「お餅が隠れるように大きな葉で巻いてあるのは、（香りつけに加えて）乾燥を防ぐためという意味もあります」と言うのは長命寺桜もち。一方、鶴屋寿は「（桜の葉は）器という要素を持っております」と教えてくれた。

どちらも、味も見た目も美しい和菓子のこだわりが伝わってくる言葉である。ちなみに桜の葉だが、当然、ちまたの公園にある桜から持ってきているのではない。長命寺桜もちも鶴屋寿も伊豆で栽培される大島桜の葉を使用している。なんでもこの桜、葉の芳香成分が特に多いらしい。この葉を塩漬けにし、お餅に巻くそうだ。

桜餅は関東風と関西風があり、前者は餡をクレープ状のお餅で包んだもの（写真右）で、後者は蒸したもち米と道明寺粉《どうみょうじこ》で餡を包んだもの（同左／通称：道明寺）だ。

カレーパンに
定型があったんだ!?

●元祖カレーパン
（カトレア洋菓子店）

カレーパン

総菜パンの人気者カレーパン。東京都江東区にある名花堂（現・カトレア洋菓子店）が一九二七年に「洋食パン」として実用新案として作ったものがそのルーツになっている。そのカトレアの四代目・中田琇三氏に当時の話を聞いてみた。

「あれは先代の中田豊治が、関東大震災で倒壊した店を建て直すためになにか良い商品を、と考えて作ったんです。当時の洋食ブームに便乗し、人気メニューのカレーとカツレツにヒントを得たのが、洋食パン。後の『元祖カレーパン』です」

カレーをカツレツのコロモで包む。カトレアの元祖カレーパンが丸でなく、楕円なのはカツレツの形を意識したためだ。

ちなみに中村屋の有名な「カリーパン」の誕生は一九四〇年になる。また、カレーパンの形はピロシキを意識したものといわれることがあるが、これに関してはカトレアも中村屋も「関係ありません」とのこと。

カトレアの元祖カレーパンは、大きさや具の多さが当時から評判で、お店の近くにある隅田川沿いの工場で働く人たちにたいへんな人気を博したという。

そういえば近年では、カツレツ形ではなく丸形のカレーパンもおなじみである。

意外に豊富な
月餅の表面のデザイン

●月餅（小豆餡・木の実餡）
（株式会社中村屋）

月餅

中国菓子の月餅《げっぺい》。月を愛でながら秋の収穫を祝う中秋節（旧暦八月一五日／新暦九月〜一〇月上旬）に供える菓子として知られる。日本では中秋節より「お月見」や「中秋の名月」といったほうがピンとくるし、お供えも月見団子のほうがなじみ深い。それはともかく、月餅はその名のとおり月に見立てた円い形をしているが、その表面の模様は何を意味するのだろうか。これについて中村屋にうかがった。

「当社の月餅の模様は『お月見』をあしらい、また実りの季節ということから稲穂や木の実を図案化しました。中身も二種類あるので模様はその区別になっています」

二種類の中身とは、「月餅（小豆餡）」と「月餅（木の実餡）」のことで前者が稲穂、後者が木の実の模様になっている。

中村屋にはこれら定番以外に季節や販路限定の月餅があり、それぞれ大きさや模様を変えている。またお客からの特注などの型も含めると数百種類の模様があるそうだ。かなりの数である。そしてその模様は、デザイナーが図案化し、熟練の木彫り職人に木型の製作を依頼するという。

中秋の名月の季節になると、ウサギ模様の月餅も限定発売するそうだ。

コラム 1

名前は同じなのに……

マドレーヌ（一六〇ページ）の話を知人としていて、違和感を覚えたことがある。どこか噛み合わない。なにか違う……。そう、それは形が違っていたのだ。マドレーヌといえば、あちらは「貝」、こちらは「菊」の形を想像していたわけだ。名前が同じで、味も一緒、でも、見た目が異なるお菓子がこの世に存在する。

本来貝の形をしていたマドレーヌが日本で菊形になったのは、かつてパン・ド・ジェーヌと混同されていたため（菊形のマドレーヌにアーモンドスライスがのっているのは、やはりパン・ド・ジェーヌの影響だろう）。ワッフル（二〇六ページ）も日本のそれと、ベルギーのそれでは形が異なる。格子状のワッフルを説明する際は「ベルギー」の冠詞をお忘れなく。いや、実際は円い形の日本のワッフルのほうが独特なのだが。

第2章

三角形の仲間たち

月面着陸計画が終わっても
アポロチョコは飛び続ける

●アポロ
（株式会社 明治）

アポロチョコ

一九六九年七月、人類初の月面着陸がアメリカの宇宙船アポロ11号によって達成された。明治のヒット商品、アポロチョコレートはその宇宙船の形をイメージして作られたものだ。このあたりを明治に聞いてみよう。

「月面着陸で名を馳せたアポロですが、実はお菓子の名として当社が『アポロ』を商標登録したのは一九六六年のことで、これはギリシャ神話のアポロンに由来します」

一九六一年から始まったアメリカの宇宙飛行計画であるアポロに呼応して、明治も翌年からチョコの新製品を開発する「アポロ計画」をスタート。このプロジェクトは、チョコレートにもう一つおいしさ（ストロベリークリーム。これは一九六七年に発売した『明治チョコレートストロベリークリーム』の売れ行きが好調だったため、味覚面で自信を持っていたという）をドッキングさせた、新しい形態（宇宙船アポロの形）の製品を作るというものだった。

「NASAからアポロ11号の月面着陸計画が発表されたことで、お菓子の名前も『アポロ』にしました。幸い当社はこれより前にその名を登録していましたので」

そしてアポロは月面に着陸。もう一つのアポロも人気商品として現在に至っている。

ずっと巻貝の形だと思っていた人、いませんか？

コロネ

甘いチョコクリームがたっぷり詰まったコロネ（またはコルネ）。先っぽから食べるのか、それとも後ろから食べるのか。いつも疑問に思っているが、食べ方よりもまず形だ。ユニークな形をしたこの菓子パンの由来について日本パン技術研究所に話を聞いてみた。

「日本オリジナルの菓子パンと思いますが、いつどこで誰が考案したのかわからないんです。名称は生地を角状に巻いたということで仏語のcorne（角）からつけられたという説と、楽器のコルネットに似ていることから名づけられたという説があります。角笛の形を意識しているともいえますね」

巻貝を意識したデザインだと思っていたが、そうだとしたらこの名前にならない。

「どうして角笛の形にしたのかは不明です。あんぱん、クリームパン、ジャムパン、メロンパンと同じように昔からある菓子パンなのですが、そのルーツはわかりません。昔の人は何を考えてあのような形のパンを作ったのでしょうね」

そのあたりはパンに耳を当てれば海の音と一緒に答えが聞こえてくるかもしれない。

……いや、巻貝ではなくて角笛だからそれは無理な話か。

教えてチビ太。▲●■のシルエットの本当の具材は？

●チビ太のおでん
（株式会社サークルKサンクス）

©赤塚不二夫

チビ太のおでん

三角・丸・四角は「チビ太のおでん」である。チビ太は、赤塚不二夫の『おそ松くん』の人気キャラクター。彼が常に手に持っているのが▲●■のおでんである。実際、おでんを食べに（買いに）いって、串刺しの▲●■なんて見たことはない。しかし、おでんの定番としてその存在をアピールしている。漫画の持つ力は凄いものだ。

一体、▲●■というシルエットを形成している具はなんなのだろう。先から順に、はんぺん、つみれ、なると巻、と思っているのだが……。そのあたりをフジオ・プロダクションに聞いてみた。

「原作の中では、おでんの具は具体的に決められていません。三角が白くて、はんぺんを思わせる場合もあれば、点々が入っていてこんにゃくを思わせる場合もあります。具の話題は、マニアの間でも盛りあがるようで、いろいろな説を出してくれています。決め手があるわけではないので、いろいろ盛りあがってくれればいいかな、と」

おでん屋で飲みながら、チビ太のおでんに思いを馳せるのもまた一興だ。そんなチビ太のおでんは飲み屋でなく、サークルKサンクスで一九九四年より発売されている。▲●■というシルエットは変えずに具のマイナーチェンジを繰り返しながら。

6Pチーズは雪印のマークをかたどったものと思っていたが

●雪印６Ｐチーズ
（雪印メグミルク株式会社）

6Pチーズ

昭和生まれなのでチーズといえば四角（ベビーチーズ）か棒（Qちゃん）が相場。『トムとジェリー』に出てくるような三角形のチーズはちょっとした憧れだ。これは日本人が舶来品を好む感覚だろうか。

いや、そういえば日本にも三角のチーズがある。そう、一九五四年に発売された雪印乳業（現・雪印メグミルク株式会社）の6Pチーズ。三角が六つ集まって円を形成する、おなじみのあの商品だ。その三角の形について雪印に聞いてみた。

「その前に一つ説明を。円形が多いナチュラルチーズは熟成の進み具合が、外側から中心へ、またはその逆（種類によって異なる）だったりします。そうなると放射状に切るのが基本になります。外側から順に切ると場所によって味が異なりますからね」

円形のチーズを放射状に切ることによって三角になったわけだ。

「で、6Pチーズというのは、その伝統的な形を体現しているんです。プロセスチーズ（加熱により熟成は止まり味が均質）なので、放射状にする必要はないのですが」

ちなみに6Pチーズは、三角型の容器にチーズを流しこみ、それを六つ集めて円い形の商品にする。円を六等分したものではない。つまり三角が先、なのだ。

三角形のサンドイッチ、あなたはどこから食べる？

サンドイッチ

一八世紀、賭事好きのイギリスの政治家、サンドイッチ伯ジョン・モンタギューがトランプの手を止めたくないために考えたとされるサンドイッチ。ハムやレタスなどいろいろな具を挟んだパンが、基本的には何等分かに切られている。日本だと三角形になっていることが多い。このあたりを日本パン技術研究所に聞いてみた。

「日本では食パンは一般的には正方形ですから、縦でも横でも、斜め（三角）でも均等に切り分けられます。山形のイギリスパンだと三角は無理です。三角の場合、お店で並べた際に具がよく見える。さらに三角にしたほうが四角より大きく見えますね」

商品をディスプレイするには三角のほうが視覚的に効果があるということか。

「もちろん切り方にルールなんてありません。これはあくまで推測ですよ。ところで日本のサンドイッチは耳を切り落としていますが、あの部分にパンの香りや風味が凝縮されています。そこを切り捨てることは、もったいないようにも感じられます」

楽に食べられるのも良いが、時にはパン本来の味を噛みしめながらいただこう。しかし最近のサンドイッチは、具をとにかくたくさん挟んでいるのをよく見かける。これでは食べながら具や汁がこぼれてしまい、とてもトランプに興じられないだろう。

餃子の形って、子どものころは耳だと思っていた…

餃子

餃子は半月の形（半月型）をしているのが一般的である。これに関して元宇都宮餃子会理事の上馬茂一氏に話を聞いた。

「中国には『馬蹄銀《ばていぎん》』といわれる硬貨に似た形（硬貨型）の餃子がありますが、この形は焼き餃子にするには都合が悪いのです。全体的に丸いため、鍋に並べるには安定性がなく、蒸し焼きにすると中まで熱が通りにくい。でも、半月型の餃子にそのような欠点はありません」

日本で餃子といえば焼き餃子。一方、中国では水餃子が主流である。

「硬貨型の餃子は、水餃子にするためひねりを加え、調理中にバラバラになることを防ぐ形になっています。考えてみれば、半月型は硬貨型の前段階なんです。具を皮で包み、縁を合わせ、よりしっかり接着するためにヒダを作れば自然に半月型になりますが、これをひねって成形すると硬貨型ができあがります」

そういえば半月型の焼き餃子は日本がオリジナルなのだろうか。

「一九五九年に新疆《しんきょう》ウイグル自治区で三世紀から八世紀の墓から〝餃子のミイラ〟が発見されました。写真で見たところ、それは三角の形で、日本の餃子に近いですね」

八ッ橋といえば琴の形…
今となっては生の方が有名!?

●八ッ橋／つぶあん入り生八ッ橋「聖」
（株式会社聖護院八ッ橋総本店）

八ッ橋

近世箏曲《そうきょく》の開祖とたたえられる八橋検校《やつはしけんぎょう》（一六一四〜八五）。京都みやげとして知られている八ッ橋は、この人物の名に由来している。

黒谷（京都市左京区）の金戒光明寺《きんかいこうみょうじ》に葬られた八橋検校を偲《しの》んで、この地で琴に似せた干菓子を作ったのがこの商品の始まり。八ッ橋の反った形は琴を模しているのだ。今回、話をうかがった聖護院《しょうごいん》八ッ橋総本店は黒谷の参道が創業の地であり、検校の歿後四年後にあたる元禄二（一六八九）年に「八ッ橋」と名づけ、以来三二〇年間この地にて販売している。この八ッ橋、生地は米粉を蒸し、これに砂糖とニッキを混ぜ合わせてできあがるというもの。

さて、八ッ橋といえば、生八ッ橋もよく知られている。これについて一言。

聖護院八ッ橋総本店では、つぶ餡入り生八ッ橋「聖《ひじり》」が有名だが、これは一九六〇年、祇園祭の前日に一力亭（祇園・花見小路の由緒あるお茶屋）で毎年開かれる表千家のお茶会で誕生したもので、この時、出席者の間でたいへんな好評を博したという（なお、ここではつぶ餡でなくこし餡だった）。後に商品化するにあたり、位の高い僧を意味する「聖」と命名したという。

見た目からついた直球の商品名、その名も「にんじん」（ポン菓子）

●にんじん
（有限会社タカミ製菓）

にんじん

子どものころ、人参が苦手で、親に叱られながら食べた人もいたのでは。だが、円錐状の細長い袋の駄菓子「にんじん」となると、楽しく口に入れていた記憶があるはず。これはポン菓子と呼ばれる駄菓子で（〝ポン〟は製造時に膨張した米によって発生する音からの命名だろう）、その誕生の詳細は不明だが、調べたところ大戦直後に福岡県の小倉で「吉村式ポン菓子機」が開発されたのがポン菓子の最初という。

さて、「にんじん」はパッケージが人参の格好をしているだけで、中身はお米のお菓子である。どうしてお米が「にんじん」なのか。製造元のタカミ製菓に聞いた。

「少量で大きく見せるために三角の袋に入れたところ、形が人参に見えたから、この名前が生まれました」

なるほど。長めのサイズだが、細すぎない人参形の袋は、見た目に効果的だったのだ。「だいこん」だったらかなり量が増えたかもしれず、でも、「ごぼう」ではなくて何はともあれ良かったかもしれない。さらに同社はこんなことを教えてくれた。

「昔は刀の形をした『かたな』という米菓子があったと聞いています」

はたしてどんなパッケージだったのか。なんにせよネーミングは直球なようだ。

不思議な組み合わせって
世の中にいろいろあるけど…

●シベリア
（アムールエーパン）

シベリア

羊羹《ようかん》をカステラで挟んだお菓子「シベリア」。かの地から日本へやってきたわけでなく、日本のオリジナルだ。

昭和の子どもたちに愛されたこのユニークなお菓子は、大人になっても懐かしさのあまり思わず買ってしまう人もいるだろう。千代田区神田錦町で一九三〇年より製パン業を営んでいるアムールエーパンの三代目当主に、そんなシベリアの由来について聞いてみた。

「これは祖父から聞いたことですが、カステラの白い部分はシベリア大陸で、黒い羊羹がシベリア鉄道を表しているそうです。つまり雪に覆われた大地を鉄道が走っていく光景なんですね。昔の人は粋な名前をつけるものですね」

ところで、シベリアはいつどこで誰が考え出したのか実は謎のお菓子である（シベリア出兵にちなんだという説もある）。アムールエーパンでは開店当初よりシベリアを作っていたという。つまり一九三〇年以前にあったことだけは確からしい。

何はともあれ大陸へのロマンを味わいながらいただこう。

（追記：二〇一二年五月、アムールエーパンは惜しまれつつ閉店しました。）

金型が簡単にできた故の
三角ハッカ

●三角ハッカ
（株式会社評判堂）

三角ハッカ

懐かしい駄菓子、三角ハッカ。素朴な疑問だが、どうして三角なのだろう。東京・浅草は仲見世にて三角ハッカなど昔菓子を販売している評判堂に話を聞いた。

「三角ハッカは金華糖《きんかとう》の職人やおこしの職人が、ひまな夏場に作ったお菓子なんです。生まれた時期ははっきりしませんが、おそらく昭和初期にはあったと思われます」

金華糖とは、祝いごとに作られる砂糖菓子で、鯛や雛人形などを木型でかたどったもの。その型は意匠が施され、なかなか手間のかかるお菓子らしい。しかし夏は暑さで砂糖が溶けるなど保存が難しい。まして昔はエアコンもない。よってこの時期、凝ったお菓子を作る職人の手が空いてしまっていたのだ。

「金型で簡単にできる形として三角になりました。色は菱餅同様、白と紅と緑ですが、なじみある色だからこうなっただけで、雛祭りとは関係ありません。三角ハッカは夏のお菓子で、おそらく暑さゆえにスーッとするハッカを用いたのでしょう」

ひまだから何もしないのではなく、シンプルなお菓子を作って商売をしていたのだ。

ちなみに三角ハッカは、歌舞伎役者の中村芝翫《なかむらしかん》がよく口にしていたことで、かつて「芝翫焼」と呼ばれたことも。ただ、この芝翫が何代目なのか、はっきりしない。

関東と関西で異なる形、
さまざまあれど…

稲荷鮨

稲荷鮨は関東と関西で形が違う。前者は油揚げを長辺で切って二つに分けた俵型、後者は対角線で切った三角型である。三角のほうは狐の耳に模したものといわれていて、狐と稲荷の関係からもこれはわかる。しかしなぜ関東では俵の形をしているのか。『近世風俗志（守貞謾稿《もりさだまんこう》）』（岩波書店）によると、稲荷鮨は天保年間（一八三〇～四三年）には江戸や名古屋で売られていたという。形状は「油あげ豆腐の一方をさきて袋形」とあるから、おそらく俵型だったのだろう。しかしその理由は不明だ。

埼玉県熊谷市には、市の名物に聖天《しょうてん》寿司という通常の俵型の倍の長さの稲荷鮨がある。これは地元資料によると宝暦年間（一七五〇年代）にすでにあったものらしい。俵型の稲荷鮨になにか関係するかもしれないと思い、今もこの聖天寿司を作っている地元の店に話を聞いたが、

「このあたりは昔から大きい油揚げを作っているだけで、特に謂《いわ》れはないのです」

もう一つ。栃木県では名産の干瓢《かんぴょう》を稲荷鮨に巻くことがある。これは地元の関係者によると「稲荷鮨を米俵に、干瓢は米俵を縛る縄に見立てて豊作を祝う」という。これが正解と言うわけではないが、俵の形である意味がこれにはある。

三角のショートケーキは
日本生まれ。色遣いもな〜るほど！

●三角ショートケーキ
（株式会社不二家）

ショートケーキ

日本のケーキ店では一番のおなじみ、喫茶店ではコーヒーのおともにもなるショートケーキ。その歴史は、不二家の創業者・藤井林右衛門が大正時代に渡米、そして欧米の菓子文化を吸収して帰国後に製造販売したのが始まりという。さて、このケーキが三角の形になった理由を、その不二家に聞いてみた。

「ショートケーキのカットは戦前は四角の形で、昭和二〇年代後半以降に三角の形になったそうです。食べやすく、クリームをバランスよくきれいに絞りやすいうえ、大きく見える、形が可愛らしいなどの理由からです」

確かに装飾が多いと四角の場合は意外と無骨に見えたりするものだ。さて、ケーキのカットだが、これについてもう少しくわしく話をしてもらった。

「当社のショートケーキは四角い板状のスポンジから正方形を切り出し、それを対角線でカットしています」

ホールケーキで使う丸形のスポンジを放射状に切ったわけではない。このようにスポンジとクリームを組み合わせたケーキを「ショートケーキ」と呼ぶのは、日本のオリジナルだそうだ。

おっぱい？ UFO？ 火山？
人によって見え方も変わる

甘食

円錐形をした焼き菓子の甘食。その歴史は古く、明治時代にヒルサイドパントリー代官山の猪狩清氏が発案したものだ（同店は現在、輸入食品やベーカリーとして人気だが、甘食は作っていない）。さて、この甘食、その形状から「おっぱい」を連想してしまう。魅力的な（！）その形について日本パン技術研究所に話をうかがった。

「焼く前に円形の生地の中央にナイフやヘラなどで十字の切り目を入れます。その部分は火まわりが一番遅いところなので、切り目を入れた部分が膨張していくんですね。突起していく、という感じでしょうか」

つまり最初からおっぱい形に成形するのではない。そして切り目を入れるのにはもちろん意味がある。

「切り目を入れなくても、温度上昇が遅い真ん中がふくらみ続けることは確かです。でも、あのようなきれいな仕上がりにはならずにデコボコになってしまうでしょう」

膨張するのは重曹とベーキングパウダーによるが、火まわりが遅いことで生じる変形を切り目を入れて突起させることで解消した甘食。そういえばドーナツ（一〇ページ）の場合、中央に穴をあけることで同様の問題を解決させている。

ポリンキーは秘密に包まれたお菓子だった!?

●ポリンキー
(株式会社フレンテ)

ポリンキー

「ポリンキー　ポリンキー　三角形の秘密はね　ポリンキー　ポリンキー　おいしさの秘密はね　おしえてあげないよ　チャン」（作詞・佐藤雅彦）

誰もが一度は聞いたことのあるCMソングで知られる、湖池屋のスナック、ポリンキー。このCMは「バザールでござーる」などのCMをプロデュースしたメディアクリエーターの佐藤雅彦氏が手がけているが、そんな秘密の多いこのスナックについて、フレンテ（湖池屋の持株会社）に話を聞いてみた。果たして核心に迫ることができるのだろうか。

「ポリンキーの網目と中の空洞は、軽い食感を出すために考えました」

網目模様の生地を二枚重ねて、空洞を作ることでサクサクとした食感が楽しめるという。これが『おいしさの秘密』なのだろうか？

「……と思っていただきたい、としか申し上げられないのです」

なるほど。では、肝心の『三角形の秘密』について話してもらえたらと思うが、

「これも歌のとおり、秘密は秘密なのです」

チャン。

コラム2 煙草のお菓子

禁煙ブームである。紫煙をくゆらすことを楽しみとする筆者には寂しい世の中だ。しかし珈琲など大人の嗜好品を模したお菓子はちまたにまだたくさんあり、煙草も同様。紙煙草に見立てたココアシガレットとオレンジシガレット（オリオン製菓）、葉巻をイメージしたシガーフライ（梶谷食品）やシガール（ヨックモック）、そしてパイプ形ではクロちゃんパイプチョコ（マルイ製菓）などが現存している。

嫌煙家もさすがにこうしたお菓子に文句は言わない。そもそも煙が出ないから。子どもが大人に憧れてこれらのお菓子を口にするのも一興だろう。いつまでも子どもでいたいなんてどうぞ思わないように。ニコチンのように苦い社会も身を置いてみれば意外と楽しいもの。甘い生活に物足りなさを感じてしまうほどに。

第3章 四角形の仲間たち

イギリスパン、フランスパン…。
アメリカパンってなかった？

食パン

食パンには四角い形の角食パンと、頭が丸く盛り上がった山形パンがある。後者はイギリスパンとしてよく知られているが、現在、日本で食パンといえば前者のほうが主流である。四角と山形に分かれるのは、食パンを焼く「焼型」の蓋《ふた》をするか否かによる。蓋をしなければ生地が上にのびていくため山形になる。反対に蓋をすれば生地が押さえつけられるので四角くなる。

蓋をするかしないかで変わるのは実は形だけでない。蓋をしないでできた山形パンは、生地がのびているため食感が軽い。対して蓋をしてできた角食パンは、押さえつけられたせいで生地が緻密になり、緊密でキメの細かい食感が味わえる。日本で人気が出たのは角食パンのほうであった。

ちなみに角食パンはアメリカから来たもので、日本の食卓に並ぶのは戦後のこと。日本パン技術研究所の話によると、アメリカの客車製造会社プルマンの列車に似ていることから「プルマンブレッド」と呼ばれることもあるという。もちろんこれは写真のように切られたものではなく、一本のままの状態のパンが食堂車に似ていることからの愛称である。

菱餅の形は子孫繁栄を願ったものだった

菱餅

三月三日は桃の節句。雛人形と一緒に飾られるのが菱餅。しかし餅がどうして菱形なのだろう。これについて食文化史研究家の永山久夫氏に話を聞いてみた。

「菱餅は宮中で正月に食す菱葩餅《ひしはなびらもち》が起源といいます。それで質問の菱餅ですが、この形は女性の性器を象徴しています。そしてこれは豊穣の意味に繫がっているのです」

その象徴について永山氏は「それが正しく機能していればその家は繁栄する」と続ける。これはつまり子孫繁栄を意味しているのだ。

菱葩餅は現在「花びら餅」として知られ、味噌餡とゴボウを白い餅（または求肥《ぎゅうひ》）で包んだ、餃子のような形をした和菓子である。元は平安時代の貴族社会で行われていた雛祭り。菱葩餅を公家の誰かさんがアレンジしたのだろうか。

さて、菱餅といえば三枚重ねで、上から紅・白・緑の配色が一般的に知られている。だが、江戸の風俗を描いた『近世風俗志（守貞謾稿）』によると、この時代は緑・白・緑の二色だった。いつの間に紅が加わったのか正確な時期は不明だが、クチナシで色づけした紅は桃を、菱の実が入った白は雪と大地を、ヨモギを使った緑は新緑を表しているという（ただし諸説あり。さらに配色も上から紅・緑・白の場合がある）。

カンパンに二つの穴がないと なんとなく落ち着かない

●缶入カンパン　100g
（三立製菓株式会社）

カンパン

祖父が食べていたお菓子といえばカンパン。袋スナック世代の筆者と違い、戦争へ行った世代にとって忘れられない食品なのだろうか。カンパンは軍用の携帯食として西南戦争―日清戦争―日露戦争と経るたびに改良されて現在のような形になった。

ところでこの名前は乾燥させたパンだから「乾パン」であり、缶に入っているパンだから「缶パン」と思っていた人はハズレである。カンパンは最初、「重焼パン」と呼ばれていたが、これは重傷に通じると忌み嫌われ、最終的に現在の名称で落ち着くことになった。

さて、カンパンには二つの穴があいている。あの穴の意味とは何だろうか。この疑問を、一九三七年よりカンパンを製造販売している三立製菓に聞いてみた。

「あの穴は、火の通りを良くし、形良く焼きあげるためにあいています。穴があいていないと、ぷっくりとふくれてしまい、表面だけが剥がれてしまいます」

きれいに形良く焼きあげるための穴であり、これはビスケットにもある穴と同じ役目を果たしている。そしてカンパンに胡麻がまぶしてあるのは、おにぎりのイメージを出すためという。

キャラメルの表面のギザギザは包み紙を付かなくするため?

●ミルクキャラメル
(森永製菓株式会社)

キャラメル

一八九九年に森永製菓で製造販売されたキャラメル（現在の名称「ミルクキャラメル」となったのは一九一三年から）。百年以上の長きにわたり、現在も日本人に愛され続けている商品だ。さて、このキャラメルの粒を見ると、その表面に刻み目が入っていることに気がつく。あのギザギザの線はいったい何なのだろう。さっそく森永製菓に話をうかがった。

「キャラメル生地をのばすローラーに滑り止めとしてギザギザの溝がついています」

つまり生地にそのギザギザが転写されたわけだ。もう少し詳しく聞いてみよう。

「キャラメルは水飴、砂糖、練乳などを混ぜた生地を煮詰めてから冷やして固め、細長いヒモのような形にのばしてから小さく切って作ります。どの粒も同じサイズに仕上げるためには、のばすときに同じ厚さにすることが大切です。しかしツルツルとしたローラーでは生地が滑ってしまい、厚みが均等になりません。それを防ぐため、ローラーに縦横の溝をつけて滑らないようにしています」

この製造過程については、森永製菓のホームページにある「森永ミルクキャラメル」をクリック。では、納得したら自分の歯形を刻みながらキャラメルを味わおう。

板ガム表面のギザギザはモグモグしやすくするため?

●グリーンガム
(株式会社ロッテ)

板ガム

板ガム。最近は粒ガムが主流になっているから、何とも懐かしい存在になっているが、筆者のような昭和生まれの人間にとってはガム＝板ガムである。

そんなこのガムの表面にはギザギザとした刻み目が入っていたりする。それについて〝お口の恋人〟でおなじみ、ロッテに話をうかがった。

「板ガムを薄くのばす際に使用するローラーにガムがくっつかないように網目がついていて、それが板ガムの表面に入っています」

これはキャラメルの刻み目と同じで、ガムに網目が転写されたわけだ。さて、すべての板ガムにギザギザが入っているわけでない。これは網目のないローラーで作られる板ガムもあるからなのだが、それではローラーにガムがくっついてしまうのでは？

「網目があるとくっつきにくいということで、ないからといってぴったりくっつくものではありません。砂糖などを表面にかけてローラーにつかないようにしています」

確かに板ガムには、表面に粉がかかっているものがある。実はあの粉が以前から疑問だったのだが、それがいま判明した。あれはローラーに付着することを防ぐためのものだったのだ。ガムを噛んだらお口スッキリ。わけを知ったら頭もスッキリ。

クリームコロッケの俵型には
どんな利点があるのか

クリームコロッケ

コロッケといえば肉屋さんで買い食いしたのが懐かしい思い出。筆者は庶民であり、そして昭和の子どもであった。コロッケは好物の一つなのだが、あるとき、レストランで食べたコロッケはドロ～ッとした食感で、しかも甘くてどうにもなじめなかった。すでにおわかりと思うが、前者がポテトコロッケで、後者がクリームコロッケである。原体験がポテトコロッケの筆者はいまだにクリームコロッケが苦手である。食堂でコロッケ定食を注文して、出てきたコロッケが俵型をしているとそれはもう個人的に「ハズレ」。クリームコロッケが俵型をしていることは、筆者にとって好き嫌いの目安でしかないのだが、このコロッケがその形状をしていることは当然意味がある。その形について料理研究家の大石寿子さんに聞いてみた。

「クリームコロッケは種が軟らかいので、俵型にするほうが成形しやすく、また、油に投入した際、俵型だとどの方向からも熱が均等に伝わります。そして揚げる途中で衣が破れて中身（ホワイトクリーム）が出てしまう危険も少ないんです」

そんなクリームコロッケは熱々がうれしい。が、あまりに熱くて口内を火傷したことがある。どうもこのコロッケとはそりが合わない。

趣味が高じた結果、瓦煎餅の形が決まった

●小瓦
（亀井堂総本店）

瓦煎餅

瓦煎餅《かわらせんべい》。瓦も煎餅も硬質なイメージなので組み合わせとしては良い按配《あんばい》だ。しかし瓦をモチーフにした理由が謎である。これについてこのお菓子を明治時代より製造販売している、神戸は元町の亀井堂総本店（一八七三年創業）に話を聞いた。

「亀井堂の創業者の趣味が寺社の瓦収集だったんです」

つまり趣味が高じた結果である。近畿地方では、古い寺社の瓦が発掘されることがしばしば。だが、創業者の貴重な収集品も先の戦争で損失してしまったという。それでも瓦煎餅は曾孫の現四代目が味と形を受け継いでいる。さて、このお菓子には楠木正成の姿が焼き印されているが、その大楠公《だいなんこう》と亀井堂の関係とは？

「元町通りは西国街道として古くから栄えており、正成を祀《まつ》る湊川神社の門前の町としても賑わいました。創業者は元町で菓子作りをしていましたが、出身は河内（大阪府東部）なんです。正成も河内の豪族。そして湊川神社は当店の創業の前年に創建されています。きっと縁を感じたのでしょう」

明治時代、神戸の港には当時の日本人になじみのない生活品が集まってきた。その中に砂糖と卵があり、これらを使った瓦煎餅は、当初、洋菓子の扱いだったという。

はんぺんは白くて四角？
焼津では「はんべい」とも呼ぶ

●はんぺん大判
（株式会社紀文食品）

はんぺん

はんぺんは昔、「半片」や「半平」と書かれていた。江戸の風俗を記した『近世風俗志（守貞謾稿）』によると、はんぺんは「蒲鉾と同じく磨肉なり。椀の蓋等をもってこれを製す。蓋半分に肉を量り、故に半円形なるをもって名とす」とある。つまり魚のすり身をお椀のフタで半円形にかたどって作ったため、そのような名称がついたわけだ。だが、現在この形で見ることは少ないと思う。はんぺんといえば四角だから。

これについて、一九四八年にははんぺんの製造を開始し、これより前の一九四〇年には築地に直営店を構えている紀文に聞くと、

「当社では昔ながらの形を尊重してはんぺんを作っていましたが、四角いほうが重さや厚さが均一で加熱しやすいなど都合が良いため、現在の形になりました。お客様の使い勝手としてもバターで焼きやすい、切り分けやすいなど利点があります」

紀文は昭和三〇年代に工場のオートメーション化に成功、はんぺんは東京のみならず、全国へと広まっていった。

ちなみに静岡県焼津市の名産に「黒はんぺん」と呼ばれるものがあり、これは四角でなく、昔ながらの半円状の形をしている。

板チョコの凸凹は
割るための目印ではなかった

●明治ミルクチョコレート
（株式会社 明治）

板チョコ

チョコといえばバレンタインデー。筆者は凝ったチョコ（粉がかかっていたり、苦い味がする本格的なもの）が苦手で、ある年齢から「なじみの板チョコを希望」と前もって頼んでいる。どうやら年を増すごとに過去を振り返るようになったようだ。

さて、そんな昔ながらの板チョコレートだが、このチョコにある凸凹について考えてみよう。筆者は、これは割って食べるための目印かと昔から勝手に思っていた。しかしこれは勘違いだったのだ。このあたりを「明治ミルクチョコレート」でおなじみの明治にうかがってみよう。

「表面積を広くするために凸凹をつけています。そうするとチョコレートが短時間で固まりますから。また、強度をアップするためでもあります」

あの凸凹は技術的なことから生じたものだったのである。確かにプレーンな状態よりは凸凹させたほうが表面積は広くなる。意匠が施されていればいるほど見た目のみならず、表面積や強度に関係してくるわけだ。

何はともあれ、結果として、割って食べるのに便利になったし、かじって食べるときにも格好のガイドライン(?)になっている気がする。

勇ましく軍艦巻を食べるには
それなりの軍資金が…

軍艦巻

側面を海苔で巻いたシャリの上に、イクラやウニなど崩れやすいネタをのせたお寿司の軍艦巻。一九四一年に銀座の寿司店・久兵衛にて「イクラを寿司にして食べたい」というお客の要望に応え、当時の主人が考案したという。

この名前がつけられた理由を、料理研究家の大石寿子さんに聞くと、「そのフォルムからしてすでに想像できると思いますが、横から見ると軍艦に似ていることからその名前になりました」

なかなかしゃれたネーミングセンスと思うが、「軍隊」や「警察」というものに緊張感を抱く日本人がこういう名前をつけるなんてちょっと意外な感じもする。このお寿司が生まれた第二次世界大戦当時はともかく、言葉の力を信じる日本人には、現代において（あと平安時代も）この名前は絶対にありえなさそうだ。

この呼称は今も無事に変わらずのまま。ネタのほうはネギトロ、エビ類、さらにアボカドなど柔軟に変化をしながら、ますます人気のお寿司になっている。そんな中で驚異的なのはキャビアをのせたもの。かつて雑誌かなにかで紹介されていて、写真で見たのだが、黒光りするそれは「軍艦」の名にまさにふさわしいと思う。

かまぼこに板はつきもの。切り離せないカップルみたい

●上板蒲鉾白一本
（株式会社小田原鈴廣）

かまぼこ

聞くところによると、熟年夫婦が離婚すると夫は生活が荒れてしまい、たいへんらしい。また老夫婦でも夫のほうが残ると、アッという間に女房の後を追うように亡くなるそうだ。男は一人で生きていけない。つまりあっさりと枯れてしまうわけだ。

さて、かまぼこと板の関係とは？　かまぼこ作りの名門・鈴廣は次のように話す。

「製造過程で冷やしたり蒸したりする際、板はかまぼこから出る余分な水分を吸収します。逆に水分不足の場合は乾燥しないように水分を供給したりと、水分調整を担います。製造後も板にのせたままにすれば同様の役割をするので長期保存も可能です」

かまぼこの歴史は平安時代に始まるが、その形は現在と異なり竹輪に似た形だった。板にすり身をつける製法になったのは、室町時代の中期から末期ごろとの説もある。また、かまぼこや竹輪の製造業者の組織、全国かまぼこ連合会にも話を聞くと、

「木材の芳香で魚臭をマスキングしたり、製造の際にすり身を支えて形を整えます」

やはりかまぼこと板の関係が切り離せないことがわかる。

板がないとかまぼこは枯れてしまう。臭いもするし、形も悪くなる。支えてくれるあなたがいてくれないと、僕《かま》ァ、きっとダメになっちまうんだな。

蜂の巣に似せたのか、
似ていたからついた名か？

ワッフル

ベルギーワッフルといえば格子模様が定番だ。あの凸凹の模様について日本菓子専門学校に話を聞いた。

「独語で蜂蜜がいっぱい詰まった蜂の巣をwaffleと呼んでいました。また、このwaffleはwafersと同源で『編む』や『織る』を意味する言葉に由来します。編み物でもワッフル編みという名称があります。ワッフル生地というのもありますね」

蜂の巣を模して作られたのか、それともそれに似ていたからその名がついたのか不明だが、ジャムやクリームやシロップをつけて食べるスポンジ生地のワッフルは、まさに蜂蜜があふれる蜂の巣のように甘くておいしそうだ。なお、ワッフル生地という布はものによるが、この洋菓子のようにふんわり、かつ凸凹している。しばしばリンネル製品で見かける生地だ。

現代の辞書で引くとワッフルは独語でwaffel、蘭語でwafel、英語でwaffleである（前述の蜂の巣は独語でbienenkorb、英語でhoneycomb。honeycombは「蜂巣（枡）織り」という意味もあり、これはwaffle weaveとも呼ばれる）。また、wafersは「ウエハース」のこと。ウエハースもワッフル同様、表面に格子模様が入っている。

アミアミの形は
まさにバーベキュー

●サッポロポテト バーベQあじ
（カルビー株式会社）

サッポロポテト バーベQあじ

一九六七年生まれの筆者にとって、スナック菓子のナンバー1は「サッポロポテトバーベQあじ」だ。このスナックは、一九七二年に売り出された「サッポロポテト」に続いて一九七四年に登場したバリエーションで、濃い味のするバーベQあじのほうが個人的に好みであった。今思えば、小さな自分の手には常にこのスナックがあったような気がする。ちなみにこのお菓子と炭酸水、そして中村雅俊と松田優作のドラマがそろうと筆者の七〇年代は完成してしまう。……勉強は、していなかったけれど。

さて、このスナックの形について（すでに想像はつくと思うが）製造販売元のカルビーに話をうかがった。

「形状のアミアミは、バーベキューに使用する金網を模したといわれています」

だが、ただ模してそれで終わり、というわけではない。

「穴をあけたことで熱の通りが良くなり、サクサクの軽い食感を実現しています」

つまりあの形あってのあの風味というわけなのだ。最後にあの味に関して一言。

「味のイメージとしてアメリカの家庭料理のバーベキューを参考にし、発売当時はじゃがいも、肉、たまねぎを原料にカルビー独自の調理法で仕上げました」

西日本と東日本、なぜ餅の形も違うのか

餅

お餅も西と東では形が異なる。西日本は丸形（丸小餅）、東日本は四角（角餅）である。その境界線は、富山、石川、岐阜、三重、和歌山県になる（つまりこれらの地域では丸と角が混在している）。

これについて料理研究家の大石寿子さんに話をうかがうと、

「丸が正統派で、角が略式。角のほうが作るのに手間がかからず保存に便利です」

さて、〝正統派〟といわれる丸小餅は、『聞き書ふるさとの家庭料理5 もち雑煮』（農文協）によると「鏡餅の分身」ということらしい。また、鏡餅も含めお餅の形はどうして丸く平らなのかというと、やはり同書に「人間間の円満を表わし、かつ、望みをかなえるために満（望）月になぞらえた」と記されている。

一方、東日本の角餅の〝略式〟というのは、お餅を一つ一つ手でちぎって丸める作業を簡略化して、大きくて平らな餅（のし餅）を一つ作ってから包丁で切ることをいう（が、これもそれなりの作業のような気がする）。こちらはなにかに模したり、見立てられたわけではないようだ。この略式は江戸で生まれて、元禄（一六八八〜一七〇三年）のころになると庶民の間でも気軽にお餅が食べられるようになったという。

コンビーフの缶詰はなぜ台形なの？

●ノザキのコンビーフ
（川商フーズ株式会社）

ノザキのコンビーフ

コンビーフの缶詰はなぜ台形なのだろう？　コンビーフといえば「ノザキのコンビーフ」。これを販売している川商フーズに話を聞いた。

「面積が大きい側から肉を詰めることにより、缶の中の空気を抜き、肉の酸化を防いで保存性を高める効果があるからです」

極めて実利的な理由からこの形になったわけだ。しかしそこに至る歴史があった。

「国産コンビーフ第一号は瓶詰めでした。発売当初の一九四八年は、缶の製造に必要なブリキの供給が不十分な時勢でした。したがってコップ型のガラス瓶と、内側にゴムリングをはめたブリキ製の蓋でできた〝アンカー瓶〟によるものが国産コンビーフ第一号だったのです」

その二年後の一九五〇年に缶詰が登場する。ちなみにコンビーフの台形の缶は、一八七五年四月六日に米国シカゴの食肉業者により特許登録されている（ゆえに四月六日は〝コンビーフの日〟という）。一八七五年は、日本の年号で明治八年。台形のコンビーフが誕生してから実に長い年月が経っている。現在でも消費者から「コンビーフの缶はなぜ台形なのか？」という問い合わせが川商フーズにあるそうだ。

ちんすこうの形のルーツって米軍のクッキーだったんだ

●新垣ちんすこう(27袋入り)
(ちんすこう本舗㈲新垣菓子店)

ちんすこう

沖縄の名菓、ちんすこう。気になる形の前にその歴史などを、ちんすこうの製造販売で知られるちんすこう本舗新垣《あらかき》菓子店に聞いてみよう。

「ちんすこうが誕生したのは江戸後期で、琉球王国第二尚氏の第一七〜一九代国王（一八〇〇年代）に包丁役（台所奉行）として仕えた当家の先祖が作ったといわれています。また、ちんすこうは『金楚糕』と書き、これは金色に輝く口当たりのほどけるような菓子という意味と紹介していますが、名前の由来ははっきりとしていません」

そんな歴史のあるお菓子のちんすこう。さて、これを見て何が気になるかというと側面のギザギザである。それについて質問をすると、

「終戦後、私の祖父が米軍のベーカリーからいただいたクッキーの型抜きを利用し、ちんすこうを作りましたが、そのとき型抜きにすでにあのギザギザがついていたようです。また、それにはMILK COOKIEという英文字が書いてあったそうです」

これ以前、ちんすこうは形が決まっていなかった（丸い形、菊の形ほか）。現在の形になったこの名菓は、本土復帰と沖縄海洋博を経た七〇年代より全国的に知られるようになった。だが、ギザギザの意味はMILK COOKIEまで辿らないと判明しないようだ。

コラム③

ハートのお菓子

●▲■の形をした食べ物に肩を並べるほどとは言わないまでも、♥の形をしたお菓子は数多い。♥は心臓の形を模したものだというけれど、これはもう「気持ち」や「愛情」がいかに重要かというのを端的に示していると思う。

　言うまでもなくその筆頭はバレンタインデーがらみでチョコレートになるが、今回、本書を書くにあたって♥の形のお菓子を調べてみたら、いろいろ出てきて驚いた。クッキー、マカロン、マドレーヌ、和ものなら煎餅、おかき、あられ、そしてどら焼きなど。チョコ嫌いの彼氏がもしもいたら、バレンタインの日にはこれらを進呈しよう。シルバー世代には♥形の煎餅が渋くて良いだろう。甘い愛とは言えないが、長く生きていれば愛のしょっぱさぐらい知っているものだから。

第4章 長いものの仲間たち

力学的にも食感でも
円筒形はすばらしい!?

●うまい棒
（株式会社やおきん）

うまい棒

十円玉を握って駄菓子屋へ。買って食べるのは、うまい棒。手ごろな価格に加え、味の種類が豊富なことで知られる（現在あるのは一七商品）。さて、そんなうまい棒だが、一つ気になるのは棒の真ん中にあいた竹輪状の穴の存在だ。これについて販売元のやおきんに話を聞くと、

「中央に穴をあけることで強度が増し、輸送の際に崩れることを防ぎます」

中央に穴があくとなぜ強度が増すのか謎なので（筆者は物理学に疎い）、もう一言。

「強度を増すというより、中を空洞にすることによって商品そのものの質量を軽くし、これによって壊れにくくなります。また、単なる棒より穴があいているほうがとても食感が良いのです」

つまり口に入れたらよりパリッと、よりサクッとするわけだ。

これまで三〇種類以上の味が作られてきたそうだが、費用や手間がかかっても値段は据え置き。そのこだわりがロングセラーの秘訣なのだろう。ところで新商品が生まれるペースだが、これは特に決まっておらず、「企画担当者がモヤモヤしてきたら作ります（笑）」とのこと。

穴よりも
皮が気になる 竹輪かな

●特選ちくわ
(ヤマサちくわ株式会社)

竹輪

ドーナツといえば穴。竹輪も同じく穴。……いや、皮かな、筆者の場合。竹輪の表面の細かく寄った薄い茶褐色の皺《しわ》がどうしても気になるのだ。竹輪を焼くことで生じるものだと思うが。詳しいことをヤマサちくわに聞いた。

「魚のすり身（竹輪の原材料にあたるもの）が焼けてできる焦げ目です。一般的には『竹輪の皮』といわれています」

やはり「皮」でいいようだ。きつね色の焼き目は艶《つや》があってうまそうだ。

「この皮は、魚肉たんぱく質があぶられ、熱変性によってできるのですが、すり身の水分が蒸発する際、表面が焼き餅のようにプク〜ンとふくらみます。そのとき、その表面を針状の棒で突き、蒸気を抜くのです。で、製品が冷めてくるとのびきった皮がシワシワに縮んでちりめん皺のようになるのです」

では、最後にやはり竹輪の穴についても触れておこう。これについて、「竹輪は串に魚のすり身を巻きつけ、あぶり焼きにしたものです。焼いた後で串を抜くので穴ができます」と。現在、ヤマサちくわでは工場でステンレスのパイプ（これが串に相当）に巻きつけ、コロコロ回しながらガスの熱で焼きあげていくという。

焼き跡がついた食べものって
おいしく感じるね！

●プリッツ
（ロースト／サラダ／スーパーバター）
（江崎グリコ株式会社）

プリッツ

プリッツの誕生は一九六二年。当初は地域限定でお酒のおつまみ用として販売された。翌年、味を変えて子どものおやつ用としてバター風味の甘い「バタープリッツ」が登場し、現在に至る。そんなプリッツなどスティック菓子によく見かける、あの焼き跡。あれがあると香ばしさが増して風味がよくなるのだろう、と勝手に想像していたが、その辺についてプリッツやポッキーでおなじみの江崎グリコにうかがった。

「特に効果や意味はありません。オーブンで焼くときに網にのせているので、あのような跡ができます。焼き跡は網目です」

そうなのか。つまりこちらの考え過ぎだったようだ。

「網でなく、鉄板のようなものの上で焼くと、鉄板にプリッツがくっついてしまったり、きれいに焼けなかったり、焼けても鉄板から離れなかったりします。だから網の上で焼くのが一番良さそうです。それに見た目もおいしそうですよね」

そうなのだ。おいしいと感じるには味だけでなく見た目も重要。バーベキューや焼き肉を見て思うのは、網の上で焼かれたものはおいしそうだということ。というより実際、美味である。プリッツも同様。では、ポリポリといただこう。

ソーセージが
なんで犬に見えたんだろう？

ホットドッグ

縦に切り目の入ったパンにフランクフルトソーセージを挟んだホットドッグ。その名と形の関係について、日本パン技術研究所が教えてくれた。

「アメリカではフランクフルトソーセージ自体のことを、その長い形状からダックスフントと呼んでいたらしいんです。で、ドイツ移民がそれをパンに挟んで売っていたのですが、看板にホット・ダックスフントと書くのが面倒で単にホットドッグになったという説があります」

ホットドッグに関する伝承は一九〇〇年前後を起源とするものが多く、生まれたのはおそらくこのころだと思われる。その中にはダックスフント（dachshund）の綴りを知らなくて単にドッグになったという話もある。ちなみに大塚滋著の『パンと麺と日本人』（集英社）にはホットドッグに関する伝説がいくつか載っているので、気になる人にお勧めする。

ホットドッグはソーセージそのものを示す言葉で、パンのほうには関係がないようだ。例えばパンを使用することなく、串にソーセージを刺して衣をつけただけの商品がアメリカンドッグと呼ばれているように。

ゼリービンズと
ジェリービーンズの違い

●ゼリービンズ
（春日井製菓株式会社）

ゼリービンズ&ジェリービーンズ

ゼリービンズのスペルはJelly Beans。正しくはビーン。「豆」である。素朴な疑問だが、なぜ豆の形なのだろう。この商品を一九五〇年より製造販売している春日井製菓に話を聞いてみた。

「海外の商品もこの形であったのでそれを参考にしました」

残念ながら詳細な資料が現存せず、海外のどのような商品なのかわからない。ところで、ゼリービンズは豆よりもそれを包むサヤに似ていると筆者は思っている。だが、世の中には豆そのものの形をしたお菓子も存在する。それは日本のゼリービンズとはまったく違うお菓子、アメリカ生まれのジェリービーンズだ。カリフォルニアはジェリーベリーキャンディー社のこのゼリー菓子を輸入販売する三菱食品株式会社にも同じ質問をしてみた。

「多くの専門家の意見によりますと、このお菓子は砂糖やフルーツの香料を使ったトルコ菓子が起源で、それがアメリカに渡りました。野菜と豆が主流な食品であった一八〇〇年代、アメリカのキャンディーメーカー（会社名は不明）が斬新さを求めて豆の形のキャンディーを作ったそうです」

やめられなくなる秘密…。
考えだすと、止まらない！

●かっぱえびせん　レギュラーサイズ
（カルビー株式会社）

かっぱえびせん

「やめられない、とまらない」で知られる、カルビーのかっぱえびせん。だが、その手を止めてよく見れば、その表面にギザギザの線が入っていることに気がつくだろう。今回はあの線について注目してみよう。では、さっそくカルビーに問い合わせてみた。

「かっぱえびせんに線を入れる理由は、煎ったときに生地がよくふくらみ、また（ギザギザがついたことで）表面積が増えるため、乾燥工程で水分が抜けやすくなるからです。そして塩のつきも良くなりますね」

確かにプレーンな表面よりは塩がつきやすいだろう。つまりあのギザギザは口に入れたときの感触と、その味覚に関係するものだったのだ。思わず手を止めたくなるような驚きの事実だが、かっぱえびせんを食べることはやはり「やめられない」。

オマケで河童と海老の関係について。これはカルビーが一九五四年に発売した「かっぱあられ」に、漫画『かっぱ天国』で当時人気の漫画家・清水崑の絵による河童がパッケージキャラとして使用されていた。この生地に生海老を入れたのが一九六四年誕生の「かっぱえびせん」なのだ。河童の絵は消えたが、名は残ったというわけだ。

では、さっそくいただこう。……ああ、もう止まらない。

曲がったり、くっついたり
そこがまたおいしいのです

●極上黒糖かりんとう
（山脇製菓株式会社）

かりんとう

黒くて大きいお菓子、かりんとう。「かりん糖」や「花林糖」とも表記されるが、名前の意味は不明である。また、いつどこで誕生したのかもはっきりしていない。懐かしい駄菓子といわれる一方で、専門店もあって高級な和菓子として扱われる。

そんな一言では言い尽くせない懐の深いお菓子であるが、気になるのは豪快に噛み砕きたくなるあの無骨なルックスだ。形が一定しているちまたのお菓子とは明らかに一線を画している。昔気質で男らしい。しかし基本は棒状なのに、曲がっていたりするのはなぜだろう。かりんとう製造で知られる山脇製菓に話をうかがった。

「油で揚げる前のかりんとうは一定の形をしているのですが、それを釜へ大量に入れるものですから（釜揚げすること三、四回）、その重みでどうしても変形するものが出てくるんです。これに関してはなんとかしたいと思っているのですが（笑）」

釜揚げ後は蜜をコーティング、そして乾燥させてできあがり。なお、あまりにいびつなものは規格外として選別されるそうだ。ところで、かりんとうといえば歯ごたえも魅力。これは小麦粉やこだわりの国産油で良い風合いを出しているという。ただ、小麦粉のほうは国産だと「生地がふくらまず、硬くてかじれない」とのこと。

マカロニになぜ穴が…
明治初期には伝わっていた

マカロニ

素朴な疑問。マカロニにはなぜ穴があいているのだろう？　パスタ（マカロニ、スパゲッティの総称）といえば日清フーズの「マ・マー」。さっそく話を聞いてみた。

「諸説ありましてハッキリとは言えませんが、一二世紀以前にシチリアを支配していたアラブ人が、小麦粉をラクダに積んで移動するうちにこれが腐敗する恐れがあるため、小麦粉の生地を乾燥させて保存のきく携帯食料にしたのが始まりといわれています。そして乾燥させやすくするために穴をあけたそうです」

穴は乾燥させるためのものなのだ。ほかに利点はあるのだろうか。

「ソースが穴の中に入ることで味がからみやすくなりました」

マカロニにはペンネリガーテ（表面に溝があるもの）やフスィリ（糸巻状のもの）といった種類もあるが、これは穴のみならず溝もあることでよりソースとのからみが良くなるという。

マカロニは幕末から明治初期には日本へ伝わっていたが（明治時代は「穴あきうどん」と呼ばれた）、広く普及するのは戦後にイタリアより全自動式の製造機が輸入されてからで、昭和三〇年代に国内で大量生産が始まって現在に至っている。

たまたま星の形だったのか、断面を見て夜空を想う

チュロス

星形の断面をもつ棒状の揚げ菓子であるチュロス。星の形をしている絞り口から生地を絞り出して作るからこのような形状になるのだが、そんなチュロスについて日本パン技術研究所に話をうかがった。

「チュロスはスペインの伝統的なお菓子で、一五〇〇年代（スペインによるアメリカ大陸の征服が行われていたころ）にはすでにあったようです」

日本にはアメリカから伝わってきたが、順番としてはスペイン↓メキシコ↓アメリカ↓日本となる。さて、肝心の形である。どうして星の形をしているのだろう。

「残念ながらわかりません。ただ、星形にすると表面積が増えるんですね。そうすると揚げたとき、熱が全体的に伝わりやすくなります。反対に表面積が小さいただの棒状ですと、内部の固まっていない生地がふくらんで醜く割れてしまうんです」

星形にして表面積が増した分、表面温度と内部温度の差が小さくなる。

「その結果、割れることなくきれいな形でできあがる。……そういうことを考えて星形にしたんでしょうか。今となっては定かではありませんが」

生焼きにならずにしっかり熱を通す。理にかなった形であることは間違いない★

外国に行くと食べたくなるもの
梅干し、ラーメン、柿の種

●柿の種
（浪花屋製菓株式会社）

柿の種

柿の種にピーナツを加えた「柿ピー」。これがお酒のお供に最適なのは周知のとおりだが、筆者はいつもピーナツのほうを余らせてしまう。柿の種とピーナツの割合が難しい。個人的には八(柿)対二(ピ)の比率を希望する。

それはともかく、ここでは「柿の種」というユニークな名前のあられの形について取り上げる。「元祖・柿の種」で知られる浪花屋製菓（新潟県長岡市）に話を聞いたのが以下の大意だ。

創始者・今井與三郎氏は、小判型の金型であられ作りをしていたが、ある日、その型をうっかり踏みつぶしてしまった。しかたなくそのまま使用してできたイビツなあられが、現在の柿の種の原型という。それでこれを見た商い先の主人に「形が柿の種に似ているので、柿の種と名づけるのがよろしかろう」と言われて、「柿の種」という名の商品にしたらしい。これが一九二四年のこと。当時の柿の種は現在の形より大きく、型を踏みつぶしたとはいえまだ小判型に近かったという。その後、今井氏は改良を重ねて、一九六一年に「柿の種進物缶」を発売する。そして誕生から八〇余年、現在では新潟発の人気ブランドとして認知されている。

鮎焼きは
なぜ鮎の形になったのか？

●多摩川そだち
（菓匠 志むら）

鮎焼き

鮎《あゆ》の形をした和菓子、鮎焼き。なにゆえに「鮎」なのだろう。

鮎焼きを作っている和菓子店は京都府の桂川や由良川、岐阜県に流れる長良川の周辺にいくつかあるが、川のそばというのがポイントで、清流の中を元気に泳ぐ鮎にちなんでいるようだ。そして鮎焼きの中身が餡でなく求肥《ぎゅうひ》なのは、鮎焼きが夏の和菓子であるためで、餡に比べてさっぱりした求肥がこの季節に向いているという。

ちなみに「鮎」は夏の季語である。暑い季節に清流の地で、そんな鮎焼きをいただくのも一興だろう。

さて、東京で鮎といえば多摩川。この川のそばで和菓子店を営む「志むら」（狛江市）でも鮎焼きを作っているが、写真のような本来の鮎焼きのほかに、非常にリアルな鮎の形をした「鮎の姿焼き」という銘菓も知られている。このこだわりについて志むらの店主に話を聞くと、

「高度成長期の川の汚染で、多摩川から消えてしまった鮎を偲んで作りました」

店主の切実な思いから作られた本物そっくりの和菓子。だが、近年は多摩川の水質が回復したため、鮎が再び泳ぐようになった。どうやら店主の心が通じたようだ。

地方によって数が違う串団子。シノゴの言わずに召し上がれ

団子

串団子は刺さっている団子の数が地方によって違うが、東京生まれの筆者の場合は四個が普通。しかしなぜこの数なのだろう。『事典和菓子の世界』（中山圭子、岩波書店）によると「京都は五個、東京は四個の串団子が多い（略）。実は、かつて江戸も五個を一本刺しにし、一個一文として五文で売られていたのだが、明和〜安永（一七六四〜八一年）頃、江戸で四文銭が使われ始めてから、勘定しやすくするため一串四文とし、個数を減らしたとか（『甲子夜話』）。以来、四個が一般的になった」と。

京都の五個といえば、下鴨神社のみたらし団子が有名だ。五の数は人間の体に見立てられている（頭＋四肢）。また、千葉県の香取神宮で行われる団碁祭で神前に供えられる串団子の数は七個。これは北斗七星を意味し、その中で一番大きな玉は北極星を表すという。そしてヒット曲「だんご3兄弟」で広まった三個の串団子だが、三個の意味が……わからない。思えば花見の団子といえば三個である。なぜだろうか。

最後に月見団子の数について。これは十五夜（旧暦八月一五日）と十三夜（同九月一三日）にちなみその数を供える。『近世風俗志（守貞謾稿）』によると、かつて京都と大阪では平年は一二個、閏年は一三個を供えた。これはその年の暦月なわけだ。

長～い千歳飴に込められた深～い意味って？

千歳飴

一一月一五日は七五三。この行事に欠かせないのが千歳飴。鶴や亀などのめでたい絵が描かれた袋に入った紅白の長い飴。甘いものばかり食べて叱られる子どももこの日のこの長い飴だけは存分に味わえる。最近は不二家のミルキー味のほか、平形でストライプの入ったタイプ、さらに抹茶色やレモン色の鮮やかなものなど千歳飴も種類が増えている。選ぶ楽しみがあってうらやましいと思う。

この飴が長いのにはもちろん理由がある。食文化史研究家の永山久夫氏によると、「長いものを食べさせることによって、命が永らえるよう祈っているわけです。千歳は千年という意味で、それくらい自分の子どもに生きてほしいという親心ですね」

千歳飴は江戸は浅草で元禄のころに売り出されたといわれている。医療が現在のように進んでいなかった時代、幼児の死亡率は高かったという。立派に成長してほしいという親の願いは痛切だったのだろう。最近では食べやすさを考慮して短めのサイズもあるが、それが良しとされるのは、それだけ幼児の死亡率が低下した証拠だろう。

昔の親たちが願った思いは、現在、ある程度叶えられた。だから簡単に自殺なんかしてはいけない。親より早く逝ったらそれは不孝になるのだから。

クロワッサンのあの形
視力検査じゃないよね?

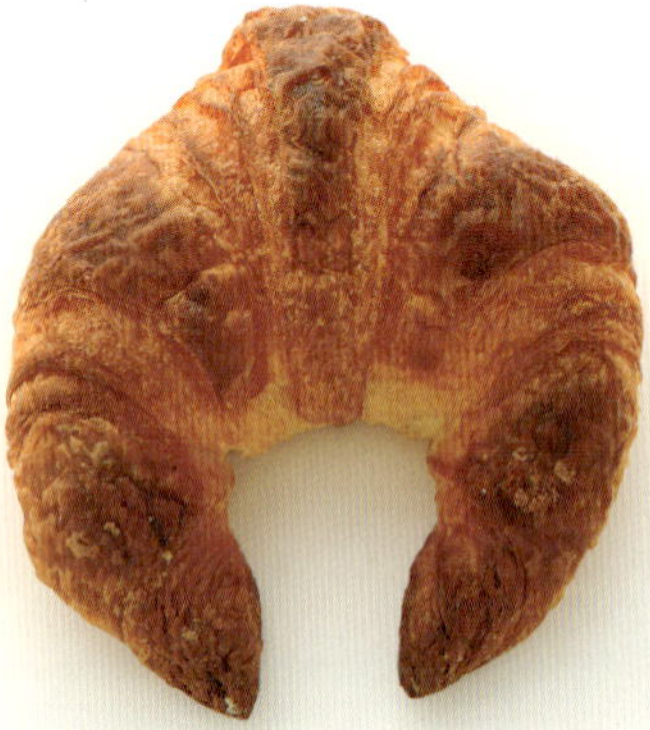

クロワッサン

クロワッサンは仏語で「三日月」のこと。この形になった伝承が二つある。日本パン技術研究所にそのあたりをうかがった。

「まず一六八三年、ウィーンを包囲していたオスマン軍（第二次ウィーン包囲）をオーストリア軍が打破した記念に、オスマン帝国の国旗である三日月をかたどったパンを焼いて食べたという話。もう一つは一六八六年、ブダペストを包囲していたオスマン軍が市の中心部へ向かって地下トンネルを掘り始めたとき、その音を察知して味方に伝えたパン屋が、後に敵の国旗の三日月をかたどったパンを作ったという話です」

ちなみに一六九九年のカルロヴィッツ条約でオスマン帝国はハンガリーをオーストリアに割譲。オーストリア生まれのパンがどうやってフランスへ伝わったのか。

「ハプスブルグ家（オーストリア）のマリー・アントワネットがフランス王ルイ一六世へ嫁いだとき（一七七〇年）に多くの職人を一緒に連れていきました。それでその形や製法が伝えられたのでしょう」

この結婚、クロワッサンのみならず、オーストリアの食文化がフランスのパンやお菓子の技術・製法に大きな影響を与えることになったらしいが、それはまた別の話。

ソフトクリームとコーンカップ、キューピットはワッフル屋さん

●コーンカップ(12個入り)
シュガーコーン(6個入り)
(日世株式会社)

コーンカップ

ソフトクリームをのせる容器のコーンカップ。元々はセントルイス万博（一九〇四年）の会場でワッフルを販売していた人物が、隣のアイスクリームスタンドで皿がなくなっていることに気づき、自分のワッフルを円錐形に巻いてその皿代わりにしたことから始まる。そんなコーンカップの持つサクサク感はソフトクリームの味をさらに引き立て、しかも全部食べられるからゴミにならない。エコロジーでもある。

さて、このコーンカップ、容器としてはまるで彫刻のような意匠が見られるが、これには意味があるのだろうか。これについてソフトクリームの総合メーカーである日世に話を聞いてみた。

「あくまで見た目を重視したデザインです」

しかしカップの内側にあるギザギザの突起や四角い空間にはなにかあるのでは？

「カリカリした軽い食感になるように焼きあげているので、カップそのものに補強が必要です。そのために突起や空間が設けてあります」

ちなみにコーンカップの原料は小麦粉。これに砂糖や油脂を加えている。コーンはとうもろこしのcornでなく、円錐形を意味するconeなのでお間違えなく。

なぜか安心感を覚える形だね。懐かしさや親しみも感じる

●東京ばな奈「見ぃつけたっ」
（株式会社グレープストーン）

東京ばな奈

一九九一年に発売された「東京ばな奈『見ぃつけたっ』」。最初はデパ地下発の商品だったが、好評を得て売り場を広げ、現在では東京みやげの一つにまで成長。それにしてもなぜに「見ぃつけたっ」なのか。その前に、南国のバナナが東京と結びつく理由を見つけてみたい。この商品を販売しているグレープストーンにご登場願おう。

「東京には目立った特産物がありません。そこで産地にはこだわらないことにしました。そして誰もが親しみと懐かしさを覚える味をテーマに選んだのがバナナです」

バナナで覚えるという、その親しみと懐かしさとは？

「ご年配者にとっては憧れの舶来の味、大人たちには遠足やおやつで食べた思い出の味、子どもには自分で一生懸命皮をむいて食べた初めての果物、それがバナナです。そういうバナナを東京のシンボルに選びました」

そして何を「見ぃつけたっ」のだろう。

「この商品のテーマの一つが『懐かしい』ということです。思い出の味を『見ぃつけたっ』という気持ちで名づけました」

今度、バナナが「ばな奈」という愛らしい名前にした理由も聞いてみようと思う。

コラム4

動物のお菓子

昔から動物（生物）を模したお菓子はたくさんある。近年では子どもをターゲットにしたビスケットが有名だが、ほかにもシュークリームのスワン（一八〇ページ）やスウリー（ねずみ）、和菓子では雪うさぎ、鮎焼き（一三八ページ）、ひよ子（一五六ページ）など挙げていたら切りが無い。いずれも職人技術が満喫できるもので、その姿は愛らしくて食べるのがもったいないほどだ。

しかしそんな技が駆使され、こういったお菓子が生まれるのはどうしてだろう。思うに、それは愛でる気持ちから来ているのではないだろうか。結局は食べ尽くしてしまうのだから、愛でるも何もないのだが、食べるのが惜しい、と思う気持ちこそ重要で、それが動物への愛情にほかならないと思うのだ。

第5章
なにかのかたちの仲間たち

野球少年たちがほおばるパン。ああ、昭和ノスタルジー

●クリームパン
（株式会社中村屋）

クリームパン

クリームパンは一九〇四年に中村屋が作った菓子パンだ。当初、柏餅に似た形をしていて、切れ目のない半円形のものだったらしいが、昭和二〇年代に現在のグローブ形に。そのころ、イースト菌を使ってパンをふくらますようになったが、詰めものをしたところに大きな空洞ができてしまい、それをなくすために空気抜きの切りこみを入れたという。そしてあのような形に。それは果たして偶然なのか、それともグローブ形に意味があるのか。この辺りを中村屋に聞くと、

「それがわからないんです。造形美を求めた結果でしょうか」

グローブの謎はクリームのように包まれたまま。だが、

「正岡子規門下の俳人、河東《かわひがし》碧《へき》梧《ご》桐《とう》が中村屋の常連で、彼のアドバイスによりあの形になったという伝説があります」

子規といえば野球の選手としても知られる。その門人の碧梧桐は子規から俳句のほか、野球も学んでいたのだ。だが、碧梧桐の没年は一九三七年。時代が一致しない。

「だからあくまで伝説なんです」

惜しい。ホームランにはならなかった。

見てうれしい、食べておいしい
お弁当の定番はコレ!

たこさんウインナー

お弁当の定番、たこさんウインナー。これはウインナーの片端を切りこんで、加熱すると形状がタコに似るもので、NHKの長寿番組『きょうの料理』の講師を長きにわたり務めた料理研究家の尚道子《しょうみちこ》さんが考案。尚さんは二〇〇二年に亡くなられたが、同じ料理研究家である大石寿子さんにこのお弁当の人気者についてうかがった。

「現在のように豊富に食材を使えなかった時代に、少しでも食事を楽しめるようにと工夫したのでしょう」

食べておいしい、見てうれしい、たこさんウインナー。母親のちょっとした工夫のおかげでお弁当のフタをあけるのが楽しみになった人もいるはず。それにしてもタコにするという発想はどこから出てきたのだろう。

「昔のウインナーは赤かったので、ゆでダコのイメージが浮かんだのではないかと思います。また、加熱すると切り口が外側にはぜるので、タコの脚に似ていると思ったのではないでしょうか」

現代でもたこさんウインナーは子どもたちに人気。ニッポンハムのHPを見ると、タコに限らず、ウサギやチューリップなども工夫次第で飾り切りできるようだ。

名菓ひよ子の誕生は
夢に現れたヒヨコの姿

●名菓ひよ子
（株式会社ひよ子）

名菓ひよ子

名菓ひよ子。その包みをあけると、ふっくらと丸いヒヨコ形の饅頭が現れる。そしてそれは見あげているような瞳を持ち、愛らしいことこのうえない。思わず笑みがこぼれる。だが、おいしそうなので食べないわけにはいかない。その形からしてどうしても頭からかじってしまう。無情。可愛いことは罪である。夢に出てきそうだ。

ひよ子は、福岡県飯塚市にて吉野堂の店主・石坂茂氏の手によって一九一二年に生まれた。飯塚市は江戸時代、長崎の出島から北九州の小倉まで砂糖を運ぶ長崎街道（シュガーロード）に沿った町であり、菓子作りがさかんだった。また、明治になると炭坑の町となり、重労働の後に甘いものが好まれて菓子文化はさらに育まれていく。

そんなとき石坂氏は「従来の丸い形ではない、もっと愛される饅頭を」と考える。そして夢の中に現れたのがヒヨコ。「その姿をそのまま菓子に」と木型を作り、この可愛いお菓子が誕生したという。この饅頭は氏にとって我が子同然。ゆえに名前は「ひよ子」に。やがて吉野堂は福岡市へ移転し、ひよ子は九州の名物に成長する。

その一方、ひよ子は東京名菓でもある。これは吉野堂が一九六四年に東京進出したためで、この年の東海道新幹線開業により、ひよ子は東京から全国へ羽ばたくことに。

自分の名前の組み合わせは
なかなか食べられなかった

英字ビスケット

英字ビスケット。これを食べながら英語の勉強を。このような教育効果をねらったお菓子では、アルファベットチョコレート（名糖、一九七〇年発売）や動物ビスケット（梶谷食品、一九五〇年代発売）なども有名だが、英字ビスケットはその歴史が意外と古い。ビスケットを明治時代より製造している老舗、カニヤに話を聞いた。

「ビスケットを最初に製造したのは米津凮月堂（現・東京凮月堂）で、その後、当社が量産しました。明治三〇年代の後半のことだと思います。この当時、当社を含む数社が英字ビスケットの製造を始めたようです」

残念ながら英字ビスケットについては決定的な資料が存在しておらず、詳細な年代だけでなく経緯もハッキリしないそうだ。

「どうして英字のビスケットが作られたか、ビスケット協会でもわからないそうです」

明治時代だけに西洋に追いつくための教育目的かもしれない、と想像するのだが。

ところで英字ビスケットは包装の際、二六文字のいずれかが欠けることもあるという。思えば昔、大好きだったC子さんに「I LOVE YOU」と伝えるつもりだったのに〝I〟が足りなくてできなかった。……嘘。単に筆者の愛が足りなかっただけの話。

なぜ帆立貝の形なのか？
果たしてマドレーヌの正体は…

マドレーヌ

仏菓子のマドレーヌ。ロレーヌ地方のコメルシーのものが有名だが、このお菓子が帆立貝の形をしていることについて日本菓子専門学校に話を聞くと、「マドレーヌは聖ヤコブのシンボルの帆立貝をかたどってスペインのサンティアゴ・デ・コンポステラの巡礼者に配られたという説がありますが、その詳細は不明です」

サンティアゴ・デ・コンポステラはスペインのガリシア州の州都で、イエスの使徒ヤコブの遺体があるとされることから、キリスト教の巡礼地として名高い。巡礼者はその証しとして帆立貝をぶらさげて歩くという。『お菓子の歴史』（マグロンヌ・トゥーサン＝サマ、河出書房新社）によると別の言い伝えがある。それは一六六一年、レス枢機卿ことジャン＝フランソワ・ポール・ド・ゴンディがコメルシーの城に幽閉されていたとき、彼の料理人マドレーヌ・シモナンが考えたという説。また、一七五五年、同じくコメルシーにてロレーヌ公スタニスワフ・レシチニスキのためにマドレーヌという召使女が作ったという話も。ただしこれらに帆立貝に関する説明はない。サンティアゴ・デ・コンポステラの説は、本書の趣旨である形についての説明になっているが、この場合は「マドレーヌ」と名づけられた理由が不明だったりする。

飾り切りの定番
ウサギリンゴと木の葉切り

リンゴのウサギ

子どもが喜ぶリンゴのウサギ。概して子どもは果物を好むので、ここまでしなくてもしっかり食べると思うが、子どもに笑顔で「ウサギさんを作って」とねだられれば、親としては努力しようと思うもの。そんな飾り切りの定番が、ウサギリンゴ（リンゴウサギとも言う）だ。

さて、リンゴをウサギの形にするという発想はどこから出てきたのだろう。料理研究家の大石寿子さんに話を聞いてみた。

「雪うさぎという古くから伝えられてきた雪遊び（雪をウサギの形にかため、笹の葉などで耳を作り、南天の実で目を入れる）があります。その姿は和菓子にも取り入れられてきました。赤と白からウサギを連想しても不思議ではないかと」

実際、「雪うさぎ」という卵形の和菓子がある。ウサギはその愛らしい姿から人気者なのだ。

ウサギ以外にもリンゴの飾り切りは数多く、プリンアラモードの盛りつけである「木の葉切り」のリンゴも有名だろう。このほか「市松切り」や「舟切り」といった技もあり、赤と白のコントラストでもっていずれもリンゴを華やかに見せている。

海の幸をかたどったスナック、ユニークな商品名はどこから?

●おっとっと(うすしお味)
(森永製菓株式会社)

おっとっと

一九八二年に登場、現在ではスナック菓子の定番として知られる「おっとっと」。ユニークな名前がまず謎だが、魚の形というのも謎だ。どうして海の幸をかたどったスナックが「おっとっと」に？　製造販売元の森永製菓に話を聞いた。

「自然・健康イメージとの関連づけで、スナックの味がシーフードに決定しました。味が決まれば、それにそって魚の形が良いということになりました」

最初に味があったわけだ。では、それがあの商品名に至ったのは？

「最初は『小さな水族館』という仮称でした。社内でもネーミングについてはもめましたが、飲み屋で杯をかわしながらの議論の中、杯から酒がこぼれそうになり、思わず『おっとっと』と口をついて出たことから、この名前がひらめいたのです」

具体的な意味より語感で決まった様子だが……。

「魚を幼児語で『おとと』と呼んだりすることも関係があります」

酒肴なんて言葉もあるから、酒の席で魚のお菓子の名が決まったのだろうか。そんななこのスナックの基本キャラは、イカ、ウニ、エビ、カニ、カメ、タコ、ヒトデ、フグ、マグロ、マンボウの十種。さらに隠れキャラが九種存在するので要チェック。

これを食べると
ハート（鳩）フルな気持ちに

●鳩サブレー
（株式会社豊島屋）

鳩サブレー

バターの風味が効いた鎌倉の名菓、鳩サブレー。シンプルだが、なんとも愛らしい鳩のデザインが秀逸なお菓子である。その歴史は、これを製造販売している豊島屋の初代が明治時代後半、試作したものを外国帰りの友人に食べさせたところ「これはフランスのサブレーという菓子に似ている」と言われたことから始まる。

しかしどうして鳩の形なのだろう？　豊島屋のホームページから引用すると「もともと、鶴岡八幡宮を崇敬していた初代は、八幡さまの本殿の掲額の『八』の字が鳩の抱き合わせであり、境内に一杯いる鳩が子供達に親しまれているところから、かねて『鳩』をモチーフに何かを創ろうと考えていました」と。そして店主は鳩の抜き型を作ったのである。

ところで初代はサブレーという言葉を初めて聞いたとき、「三郎」という名を連想していた。鳩のイメージと「サブレー・三郎」のヒラメキから、このお菓子の名前は、八幡太郎義家、源九郎義経のごとく、鳩三郎→「鳩サブレー」となった。鶴岡八幡宮と所縁のある将軍・源頼朝の別名には、鎌倉殿のほか「三郎」という名がある。鎌倉を代表する人物とお菓子が同じ名を持つとは、偶然でも縁を感じてしまう。

笹かまぼこと竹輪って
兄弟だったんだね

●笹かまぼこ
（阿部蒲鉾店）

笹かまぼこ

仙台名産、笹かまぼこ。気になる笹とかまぼこの関係とは？　これについて笹かまぼこの老舗、阿部蒲鉾店（仙台市）に話を聞いた。

「形が笹に似ていることと、伊達家ゆかりの紋『竹に雀』にちなみ名づけられました」

仕上がりの形が笹に似てはいるが、

「創成期には、べろかまぼこ、木の葉かまぼこ、手のひらかまぼこなどの呼び名もあったそうです」

ちなみに笹に見せるために平たくしたのではなく、平たくしたら笹に似ているということでその名に。しかし何をもって平らにしたのか、残念ながらわからない。

ところで、笹かまぼこと一般的な「板かまぼこ」の違いとは？

「笹かまぼこは、魚をすり身にして、串につけ、手で平らにするように成形して焼きあげます。一方、板かまぼこは蒸しあげています。分類すると笹かまぼこは『焼抜かまぼこ』、板かまぼこは『蒸かまぼこ』になります」

よって笹かまぼこにある空洞（隙間）は、串を抜いた跡にできたものなのだ。魚のすり身を串につけて焼くという点では、笹かまぼこと竹輪は同じである。

かにぱんにはいろんな顔が隠されているのです

●かにぱん
（三立製菓株式会社）

かにぱん

カニの形をした菓子パンがご存知、かにぱん。しかしどうしてカニなのだろうか。製造元の三立製菓に聞いてみた。

「誰にでもわかりやすく、親しみがもてるキャラクターを考えて、一九七四年に生まれました。六〇年代後半から八〇年代にはカニのほか、ウサギ、パンダ、ボウリングのピン、グローブなどの形のパンもありましたが」

数ある種類の中でかにぱんは、ハサミや足などをちぎりながら食べられることで特に人気になる(三立製菓によると、この菓子パンは「カットパン」という)。またパーツをバラして別の形に変化させるという楽しみも子どもたちの間で話題に。これはかにぱんが四角いシンプルな形であったために融通がきいたのだろう。カニがタコ、ザリガニ、トンボ、セミ、携帯電話などに変態するのだ。しかし、かにぱんの誕生は三〇年以上前。デザインもそのまま。それなのにケータイとは……

「偶然なんですけれど(笑)」

未来の形を読んでいたのだろうか? かにぱんが現在も人気があるわけはこれかもしれない。

登山好きの初代店主が作った名峰モンブランの万年雪?

●モンブラン
(株式会社 モンブラン)

モンブラン

栗のケーキのモンブラン。甘露煮の栗がのった黄色のものが主流だが、近年ではバリエーションとして緑（抹茶）、茶（ココア）や紫（紫芋）の色をしたものまで見かけるようになっている。

それはさておき、あの独特のフォルムについて。それは名前のとおり、かのヨーロッパの名峰になぞらえているというが、このあたりをモンブラン発祥の地である東京・自由が丘の洋菓子店「モンブラン」に話を聞いてみた。

「カステラの上にのった（螺旋状の）栗のクリームは、モンブラン山の岩肌を、一番上にのった白いメレンゲと粉糖は、山に積もる万年雪を表現しています」

洋菓子店モンブランの創業は一九三三年。登山好きの初代店主が、開店数年後にその名のケーキを作った。以来、八〇年近い時を経ているが、現在でもこの店のモンブランのレシピはそのまま、手作りであることも変わらない。

ところで筆者は洋画家・東郷青児のファンである。この店の内装や包装紙が東郷の絵で彩られているのはご存知だろうか。なんでも初代店主と東郷は同郷（鹿児島）の友人同士だそうで。彼もこれを食べたのだと思いながら私もいただくとしよう。

もみじ饅頭は定着したけど B&Bのギャグって？

●もみじ饅頭
（岩村もみじ屋）

もみじ饅頭

広島は厳島（通称・宮島）生まれのもみじ饅頭。一九八〇年代の漫才ブームで、B&Bのギャグとして流行して以来、今ではすっかり広島みやげとして定着。しかしこの饅頭の歴史は古く、誕生は明治の後半という。それにしても紅葉の形を饅頭にしたのはなぜだろう。もみじ饅頭作りの老舗、岩村もみじ屋の三代目店主に話を聞いた。

「明治のころ、岩惣《いわそう》（紅葉谷公園で現在も営む一八五四（安政元）年創業の旅館）の女将が、旅館の茶菓子に紅葉にちなんだお菓子を、当時、紅葉谷付近にあった菓子舗、高津堂の主人に製造を依頼したと聞いています。その後、当店ももみじ饅頭を製造するようになり、高津堂さんと一緒に、岩惣に納めていた時期もあったと聞いています」

こうして旅館に出される茶菓子としてもみじ饅頭が生まれた。それから一〇〇年がたった今、二〇社もの製造元ができており、味の種類は一〇種以上になるという。岩村もみじ屋では、中身がこし餡でなくつぶ餡の「つぶもみじ」が特に人気で、これはもみじ饅頭好きには有名な一品である。どうやらお菓子で紅葉狩りが満喫できそうだ。

高津堂はもみじ饅頭の製造・販売を中止していたが、二〇〇九年七月に再会している。

プレッツェルを食べて
西欧キリスト教文化を知る

プレッツェル

長いヒモを結んだ形がユニークなドイツのパン、プレッツェル（独語ではブレッツェル）。その意味はラテン語で「組み合わせた腕」だそうだが、これはいったい何を模しているのだろう。日本菓子専門学校に話をうかがった。

「祈りを捧げている修道士をかたどったものだという説があります。また、三つの穴がキリスト教の三位一体（父と子と聖霊）を象徴しているという伝承もあります」

その形は宗教に基づいていたのだ。ちなみに伝説はほかにもあり、例えば「とぐろを巻いた蛇の姿」。蛇は古代信仰で大地や太陽の神である。また、その円形が太陽をかたどり、中央は「キリスト教の十字架」を象徴するとも。いずれも宗教的である（キリスト教で蛇は邪悪な存在だったりするが）。そんなプレッツェルは、ドイツのパン屋のマークや看板としても使われているという。

筆者は本書を書くまで、プレッツェルといえば「ハート形のスナック」というイメージであった。そう、これはアメリカで普及しているスナック菓子のプレッツェルのことだ。両方ともデザインはほぼ同じだが、スナックのほうはハートがヒゲをはやしているようで、とても腕を組んでいるようには見えない。デザイン化もほどほどに。

ほんとうはハート型ではない。
なぜ源氏なのかも秘密です!?

●源氏パイ18枚入
(三立製菓株式会社)

源氏パイ

最近はチョコレートに限らず、せんべいやマカロンなどにもハートの形をした商品があるという。どうやら世間は愛で満ちあふれているようだ。そんな中、一九六五年の昔よりハート型のパイがある。ご存知、三立製菓の「源氏パイ」である。筆者にとっては幼少のころよりなじんだ味のお菓子だが、今回はこのパイがどうしてハートの形をしているのかを考えてみる。さっそく三立製菓に聞いてみた。

「ハートの形のパイは、欧州では『パルミエパイ』と呼ばれています。パルミエとは仏語で『シュロ（ヤシ科の樹木）の葉』の意味です」

つまり源氏パイは、本来はハートでなくシュロの葉に似せたものだったのだ。これは生地を両端から巻いて真ん中で合わせるとヤシの木の葉のような形になるため、海外ではパルミエの名になったわけである。ハートは勘違いだったのだ。

それにしても日本では「パルミエ」がなぜ「源氏」の名になったのか、気になるところである。

「すみませんが、それについては秘密なのです」

ということだが、ヒントとしては源氏だから頼朝か義経あたりが……ね。

カボチャは馬車になり
キャベツは白鳥へと変身した!?

●スワンシュークリーム
（アルプス洋菓子店）

スワンシュークリーム

白鳥の形をしたシュークリーム。フランスでは「シーニョ」、日本では「スワン」の名称で知られている。このスワンについて、これを現在も製造販売している東京は駒込のアルプス洋菓子店の三代目シェフに話を聞いた。

「先代が六〇年代にフランスで修業しているとき、白鳥の姿をしたシュークリームやエクレアがすでにその地にありました。その技術を学んで帰国し、当店でも売り出しました。三五年ほど前のことと聞いていますから、七〇年代の中ごろになりますか」

しかしシュークリームがいつ、なぜ白鳥の形になったのだろう。

「キャベツ（仏語のchou）の形が、白鳥の姿（胴体）に似ていたからでしょうか……」

残念ながら、キャベツから白鳥へ美しく化けた真相はハッキリしないという。それにしてもスワンの誕生が七〇年代ということは、すでに四〇年以上の時が経つ。

「スワンを作っている店も今ではずいぶん減ったと思います」

アルプスがこれを作っているのは、昔なじみのお客さんが多いから。確かに駒込には地元に根づいた家がまだまだある。ここのスワンはもちろん現在も手作り。なかなかの手間らしいが、一日で三、四〇羽が店から羽ばたいていくという。

意識せずにできた貝殻の形。ギザギザがおいしさの秘訣

●なつかしカレー味
(株式会社やおきん)

なつかしカレー味

駄菓子屋で売られている小さな袋入りスナック「なつかしカレー味」。筆者が小学生のころ（七〇年代）は、カップにすくい紙袋に入れて量り売りをしていたスナックで、確か駄菓子屋では、クジを引いてその結果によってカップですくう回数が決まったと記憶している（結果が悪ければカップ一杯。良ければ二杯以上）。当時、このスナックを何と呼んでいたのか失念してしまったが、何はともあれ「懐かしい」とは思う。

さて、このカレースナック、どうして貝殻の形をしているのだろう。これについて販売元のやおきんに話を聞いた。

「貝殻ということではなく、チーズあられの生地のように反った生地にギザギザを入れたら、貝殻のような形になりました。そのギザギザ部分は味がのりやすく（一二八ページ、かっぱえびせんを参照）、これがおいしさの秘訣になっています」

特に貝殻を意識したわけでなく、結果的に貝殻になってしまったようだ。ところでこのスナックの中には、貝のほかに魚も交じっている。このことからこのお菓子が海の幸をイメージしていると思うのだが、魚の色に関してはちゃんと意味があるという。

「黄緑と朱色の魚は、カレーに入っているブロッコリーや人参を意識しているんです」

七福神の人形焼は六種類。なぜ福禄寿はいないのか？

●人形焼
（人形焼本舗板倉屋）

人形焼

東京・日本橋人形町で生まれたカステラ菓子、人形焼。江戸時代、このあたりは人形芝居小屋が多く、人形師や人形役者たちが住む町であった（加えてこの地には中村座、市村座という歌舞伎の劇場もあった）。この菓子について、一九〇七年より同地で人形焼を製造販売している人形焼本舗板倉屋に話を聞いてみた。

「人形焼は、最初は単に『焼き饅頭』と呼んで売っていましたが、いつの間にか土地の名前が冠されるようになりました」

人形焼といえば、その人形の焼き型は七福神が有名だが、これは人形町界隈が七福神巡りの町であるためだ（「日本橋七福神」として知られる）。七つの神を祀《まつ》った神社が近隣に点在していて、人形焼の形はつまりこれにちなんでいる。

そういえば七福神の人形焼は六種類しかない。これはなぜだろう。

「頭の長い福禄寿はほかの六つの神とサイズが違うので、同じように焼くのが難しいからです」

布袋尊、弁財天、恵比寿、毘沙門天、大黒天、寿老人、これに「お客様の笑顔を足して七福神にしてください」とのこと。

花占いではありません。中におみくじが入ってます

●辻占

（株式会社 落雁 諸江屋）

辻占

花の形をして色彩に富んだ煎餅「辻占《つじうら》」。この中には占いの紙（おみくじ）が入っているのが特徴だが、石川県金沢市では正月になると、この煎餅を縁起物として家族で楽しむ風習があるという。さて、辻占はいつ生まれたのだろう。落雁《らくがん》で知られる金沢市の老舗和菓子店、諸江屋に話を聞いてみた。

「文化文政期（一八〇〇年代初期、江戸の町人文化の最盛期）に金沢城下に伝わったと思われますが、どのような経緯であったかは不明です」

おみくじには吉凶を占うものや艶笑的な内容のものまであるが、この元ネタは？

「大人は大人、子どもは子どもで知恵のつく『黄表紙《きびょうし》』の謎々本から引用しています」

黄表紙は絵入り小説の草双紙《くさぞうし》の一種で、一七〇〇年代後半に登場。挿絵や文章にさまざまな言葉遊びが見られる大衆向けの読み物である。

江戸後期から明治期の辻占は花街界で主に消費され、中に入った紙片には艶っぽく粋な文言や挿絵が書かれていたという。悪い判断が少なく、華やかな内容のせいか、いつの間にか新年の運勢を占うものに変わり、やがて正月菓子に。現在では一二月から一月にかけて、季節のお菓子として諸江屋で販売されている。

庶民の心をつかんだ形、食べるとついつい恵比寿顔

●たい焼き
（浪花屋総本店）

たい焼き

たい焼きは今川焼きから派生した食べ物だが、どうして鯛《たい》になったのだろう。一九〇九年に東京・麹町で創業、現在は麻布十番の名店となった浪花家総本店初代・神戸《かんべ》清次郎《せいじろう》がその形にしたという。初代の甥《おい》である三代目・守一《もりかず》氏に話を聞いた（二〇〇九年当時。神戸守一氏は二〇一〇年五月に逝去。現在は四代目が継いでいる）。

「鯛は縁起物で、おめで〝たい〟でしょう。それに庶民には高価なものだから、人々の心をつかんだのだと思います」

最初、今川焼きを作ったところあまり売れなかった浪花家だが、このたい焼きで成功する。ちなみに浪花家の鋳型《いがた》は、瀬戸内海の鯛に見立てられているそうだ。浪花家と並んで有名なわかば（四谷）の鋳型は、洋画家・木村荘八の色紙絵から起こしたものだという。鯛の姿にもさまざまな種類がある。食べる前に注目してみよう。

ところで、たい焼きは一九七六年に「およげ！たいやきくん」の大ヒットでブームになった。そのモデルになった店がこの浪花家と書かれている資料をしばしば見かける。しかしモデルといっても具体的にどの部分なのだろう？

「コック帽をかぶって、たい焼きを作る親父（のキャラクター）が私らしいです」

蕎麦ぼうろの梅の花
なんとなくの形だった…

●蕎麦ほうる（6号缶）
（総本家・河道屋）

蕎麦ぼうろ

蕎麦ぼうろはなぜ梅の形なのだろう。明治よりこのお菓子を製造販売している、京都市中京区にある「総本家・河道屋《かわみちや》」に話をうかがった。

「実は梅の花に特別の意味や深い思い入れはないんです。当店には型抜きが梅のほかにイチョウなどもありましたが、なんとなく梅になったようです」

なんとなく、が真相。河道屋では先々代（一四代目）の当主より蕎麦ぼうろが作られている。では、このお菓子の中央に穴のあいているわけを聞いてみよう。

「あそこに穴があいていないと、生地を焼いたときにいびつにふくらんでしまいます」

理由はやはりドーナツと同様だ。ところで、抜いた生地には行方がある。

「穴をあけた際にできた丸い生地を焼いてつぼみとして（梅の花と）一緒に入れています。つぼみは私どもが勝手につけた名でして。梅の花があればつぼみも必要ですから（笑）。現在ではつぼみは穴よりも大きい丸い型を使って、梅の花とは別々に作っていますけれど」

河道屋では、蕎麦ぼうろでなく「蕎麦ほうる」が正式な商品名。「ぼうろ」も「ほうる」もポルトガル語で「お菓子」を意味する（「ぼうろ」は英語読み）。

季節感を重視する日本料理。脇役もここ一番、活躍します

人参の切り形

正月料理の人参といえば、花の形に切り飾られている。その色からして華やかである。それについて料理研究家の大石寿子さんに話を聞くと、

「日本料理で最も大切なのは季節感。季節の材料を使い、季節の風物を取り入れて調理することが大切。古くから季節にあわせて、人参や大根、ゆり根などを、梅、桜、菊花、松葉などに見立てて飾り切りにしてきました」

現在では一年中出回っているが、人参の旬は本来、秋から冬。この野菜は煮崩れしないことから正月の飾りの料理として重宝される。切り方も前述の「梅」や「桜」の形のほかに「羽子板」や「末広」（扇子の形）、また、ゴボウとのペアで切って結わく「あわび結び」など、その種類はさまざま。いずれも共通しているのは慶事に用いられることである。なお、切る形は同じでも、煮物の場合は厚く、お吸い物で使う際は薄くスライスする工夫が必要だ（お吸い物では人参を「浮き実」として扱う場合に薄く切るのであって、「椀種」とするならば煮物と同じ切り方でも構わない）。

秋冬の野菜が料理人の妙技によって春を美しく演出する。では、新春を祝っておいしくいただくとしよう。

編集後記

本書は二〇〇九年三月に『食べもののかたちの秘密!? ドーナツの穴』というタイトル(B六判)で出版されましたが、今回は以前の原稿にさらに情報を加筆したり、削除したり、あるいは古くなったパッケージ等を新たに撮影し直して、文庫サイズに収めました。

著者の真下弘孝氏も「はじめに」で触れているとおり、「食べものの形について書いてみませんか?」と最初に話を持ちかけたのは我々編集部からでした。おそらく二〇〇七年の秋ごろではなかったかと思います。

ちょうど、大空出版としては初見健一氏の文庫版エッセイ『まだある。今でも買える〝懐かしの昭和〟カタログ』シリーズが累計一〇万部を超えるヒット作になっていたころであり、また仙道洋平氏の『ちょっと幸せ 私だけ?の〝小さなハッピー〟探し』のシリーズ化も先が見え始めたころで、編集部は次なる書籍のテーマとして、様々な〝食べものの形のナゾに迫る〟という企画をひねり出したのでした。

例えば『ドーナツの穴』という、以前の単行本のタイトルからもわかるように、ドーナツはどうして輪っかのように丸く、真ん中に穴が開いているのか。なると巻の渦にはどんな理由があるのか。考えてみると不思議な形をした食べものが世の中にはたくさんあったのです。

それをフリーイラストレーター兼ライターである真下氏に話してみると、「なるほど面白い。調べてみますか」ということになりました。さすがにイラストレーターですから、形というテーマにはかなり興味を持っていただけたようでした。

このように大空出版の出版物の発刊に至るまでの流れは、どちらかというと雑誌の編集をするときのような作り方で、編集部が企画を出してから同様の出版物がないかを調べて、それがないことがわかると初めて著者に執筆をお願いするという手続きを踏むことが多いのです。

幸いにも丸い形、三角形、四角形など五つの柱に分けることができ、九〇種類近くの食べものの不思議な形を発見することができました。古くはその形の由来を平安時代にまで遡るものまで見つかり、改めてこの企画の深さと面白さ（自画自賛で恐縮ですが）を我々自身が思い知ることにもなったわけです。

真下氏は根気強く取材を続けて、徹底的に形にこだわって調べ上げました。それが実を結び多くの読者に支持され、とりわけ美術やデザインに興味を持つ人たちに愛読されることになりました。

今回の文庫化は、もっと幅広く若い人たちにも本書の面白さを知っていただきたいという気持ちから、手軽さを強調した文庫サイズに判型を変えて雑学系の書棚に並べていただけるような体裁を整えました。

文庫サイズに編集し直すことが決まってから作業にかなり時間がかかってしまい、多くの関係者にご迷惑をおかけ致しましたことを深くお詫び申し上げます。また編集作業を快くサポートしてくださいました齊藤和彦さんに心より感謝申し上げます。

書籍編集部　加藤玄一

二〇一二年六月

な

た

さ

索　引

あ

か

取材にご協力いただきました各企業・店舗・専門家の方々に心より感謝いたします。（五〇音順・敬称略）

阿部蒲鉾店
アムールエーパン
アルプス洋菓子店
岩村もみじ屋
元宇都宮餃子会理事
上馬茂一
江崎グリコ
All Aboutガイド
料理研究家　大石寿子
小田原鈴廣
カクヤマ
菓匠　志むら
春日井製菓
カトレア洋菓子店
カニヤ
亀井堂総本店
カルビー
川商フーズ
川雄
紀文食品
木村屋總本店
グリコ乳業
グレープストーン
神戸屋
サークルKサンクス
三立製菓
聖護院八ッ橋総本店
全国かまぼこ連合会
全国製麸工業会／
平野食品工業
総本家・河道屋
タカミ製菓
長命寺桜もち
ちんすこう本舗新垣菓子店
鶴屋寿
豊島屋
中村屋
食文化史研究家
永山久夫
浪花屋製菓
浪花家総本店
南部煎餅協同組合／
炉何煎
日清食品
日清フーズ
日世
日本菓子専門学校
日本パン技術研究所
人形焼本舗板倉屋
評判堂
ひよ子
フジオ・プロダクション
不二家
フレンテ
三菱食品
明治
森永製菓
モンブラン
やおきん
ヤマサちくわ
山脇製菓
雪印メグミルク
落雁　諸江屋
ロッテ

参考文献（発行元五〇音順）

『パンの事典』井上好文監修／旭屋出版 2007年

『近世風俗志（守貞謾稿）一』喜田川守貞著／岩波書店 1996年

『近世風俗志（守貞謾稿）四』喜田川守貞著／岩波書店 2001年

『近世風俗志（守貞謾稿）五』喜田川守貞著／岩波書店 2002年

『事典 和菓子の世界』中山圭子著／岩波書店 2006年

『お菓子の歴史』マグロンヌ・トゥーサン＝サマ著／河出書房新社 2005年

『蛇 日本の蛇信仰』吉野裕子著／講談社 1999年

『たい焼の魚拓 絶滅寸前『天然物』たい焼37種』宮嶋康彦著／JTBパブリッシング 2002年

『ヨーロッパお菓子漫遊記』吉田菊次郎著／時事通信社 1996年

『パンと麺と日本人 小麦からの贈りもの』大塚滋著／集英社 1997年

『焼きたてパンの図鑑』主婦の友社編／主婦の友社 2008年

『日本の菓子 祈りと感謝と厄除けと』亀井千歩子著／東京書籍 1996年

『日本の味 探究事典』岡田哲編／東京堂出版 1996年

『たべもの起源事典』岡田哲編／東京堂出版 2003年

「辻占菓子についての一考察 中町泰子」機関誌『和菓子』11号より／虎屋文庫 2004年

『聞き書 ふるさとの家庭料理 第1巻 すし なれずし』農文協編／農山漁村文化協会 2002年

『聞き書 ふるさとの家庭料理 第5巻 もち 雑煮』農文協編／農山漁村文化協会 2002年

『名前が語るお菓子の歴史』ニナ・バルビエ&エマニュエル・ペレ著／白水社 1999年

『古きよきアメリカン・スイーツ』岡部史著／平凡社 2004年

不思議なかたち ～食べもの編～

2012年7月15日　初版第一刷発行

大空ポケット文庫

著　者　真下弘孝
発行者　加藤玄一
発行所　株式会社 大空出版
東京都千代田区神田錦町3-7-2 東京堂錦町ビル7階　〒101-0054
電話番号　03-3518-6651
メールアドレス　eigyo@ozora-net.co.jp
ホームページ　http://www.ozorabunko.jp/

写真撮影……関 真砂子
イラスト……真下弘孝
デザイン……大類百世　岡田友里
校正……齊藤和彦
印刷・製本……シナノ書籍印刷株式会社
取材協力……NPO法人文化通信ネットワーク

ISBN978-4-903175-38-6　C0177